欣悉我的著作系列即将在中国人民大学出版社
出版，结构主义人类学理论亦将在有著悠久文明历
史的中国继续获得系统的研究，对此我十分高兴。
值此之际，谨祝中国的社会科学取得长足进步。

克洛德·列维－斯特劳斯
2006 年 1 月 13 日
于法兰西学院社会人类学研究所

列维-斯特劳斯文集

17 月亮的另一面
一位人类学家对日本的评论

L'AUTRE FACE DE LA LUNE
ÉCRITS SUR LE JAPON

〔法〕克洛德·列维 - 斯特劳斯 ／ 著
Claude Lévi-Strauss

于姗 ／ 译

中国人民大学出版社
· 北京 ·

克洛德·列维－斯特劳斯

1. 1977 年 3 月，克洛德·列维-斯特劳斯在法兰西学院社会人类学实验室。*

* 本书所载十幅照片分别来源于 Les photographies n°s 1，2，
3，6，8 et 9 ont été prises par Junzo Kawada；la n° 4 par Hindeno-
bu Junnai；la n° 5 par Toru Haga；la n° 7 par Machiko Ogawa；la
n° 10 par Laurent Lévi-Strauss。

2. 1977 年 3 月，克洛德·列维-斯特劳斯在法兰西学院社会人类学实验室，他身后右侧是莫里斯·梅洛-庞蒂（法国存在主义哲学家）的肖像画。

3. 1986 年 4 月，克洛德·列维-斯特劳斯及其夫人莫妮卡在东京
   住吉的神道教信徒小庙前。

4. 1986 年 4 月在东京胜美达河上，前排为克洛德·列维-斯特劳斯及其夫人莫妮卡，后排为川田顺造（右）及其夫人小川真知子（Machiko Ogawa，中）、川彻羽贺（Tôru Haga，左）。

5. 1986 年 4 月在东京胜美达河，前排为莫妮卡与克洛德·列维-斯特劳斯，后排为川田顺造（左）及其夫人小川真知子（右）、荣信神内（Hidenobu Jinnai，中）。

6. 1986 年 7 月，克洛德·列维-斯特劳斯于利涅罗勒。

7. 1986 年 7 月，克洛德·列维-斯特劳斯及其夫人莫妮卡于利涅罗勒，川田顺造陪同。

8. 1986 年 7 月，克洛德·列维-斯特劳斯与他的狗法妮于利涅罗勒。

9. 1995 年 10 月，克洛德·列维-斯特劳斯与川田顺造。

10. 1997 年 12 月，克洛德·列维–斯特劳斯及其夫人莫妮卡，川田顺造陪同。

总　序

　　克洛德·列维-斯特劳斯为法兰西学院荣誉退休教授，法兰西科学院院士，国际著名人类学家，法国结构主义人文学术思潮的主要创始人，以及当初五位"结构主义大师"中今日唯一健在者。在素重人文科学理论的法国文化中，第二次世界大战后两大"民族思想英雄"之代表应为存在主义哲学家萨特和结构主义人类学家列维-斯特劳斯。"列维-斯特劳斯文集"（下称"文集"）中文版在作者将届百岁高龄之际由中国人民大学出版社出版，遂具有多方面的重要意义。简言之，"文集"的出版标志着中法人文学术交流近年来的积极发展以及改革开放政策实施以来中国人文社会科学所取得的一项重要学术成果，同时也显示出中国在与世界学术接轨的实践中又前进了一大步。关于作者学术思想的主旨和意义，各位译者均在各书译后记中作了介绍。在此，我拟略谈列维-斯特劳斯学术思想在西方人文社会科学整体中所占据的位置及其对于中国人文社会科学现代化发展所可能具有的意义。

列维-斯特劳斯的学术思想在战后西方人文社会科学史上占有独特的地位，其独特性首先表现在他作为专业人类学家和作为结构主义哲学家所具有的双重身份上。在人类学界，作为理论人类学家，50年来其专业影响力几乎无人可及。作为"结构主义哲学家"，其声势在结构主义运动兴盛期间竟可直逼萨特，甚至曾一度取而代之。实际上，他是20世纪六七十年代法国结构主义思潮的第一创始人，其后结构主义影响了法国甚至西方整整一代文化和学术的方向。比萨特更为重要之处则表现在，其影响不限于社会文化思潮方面，而是同时渗透到人文社会科学的各个专业领域，并已成为许多学科的重要理论和方法论的组成部分。可以说，列维-斯特劳斯的结构主义在诸相关学科领域内促成了各种多学科理论运作之交汇点，以至于以其人类学学科为中心可将其结构理论放射到许多其他相关学科中去；同时作为对传统西方哲学的批评者，其理论方法又可直接影响人文社会科学的认识论思考。

　　当然，列维-斯特劳斯首先是一位人类学家。在法国学术环境内，他选择了与英美人类学更宜沟通的学科词"anthropology"来代表由自己所创新的人类学——社会学新体系，在认识论上遂具有重要的革新意义。他企图赋予"结构人类学"学科的功能也就远远超过了通常人类学专业的范围。一方面，他要将结构主义方法带入传统人类学领域；而另一方面，则要通过结构人类学思想来影响整个人文社会科学的方向。作为其学术思想总称的"结构人类学"涉及众多学科领域，大致可包括：人类学、社会学、考古学、语言学、哲学、历史学、心理学、文学艺术理论（以至于文艺创作手法），以及数学等自然科学……结果，20 世纪 60 年代以来，他的学术思想不仅根本转变了世界人类学理论研究的方向，而且对上述各相关学科理论之方向均程度不等地给予了持久的影响，并随之促进了现代西方人文社会科学整体结构和方向的演变。另外，作者早年曾专修哲学，其人类学理论具有高度的哲学意义，并被现代哲学界视为战后法国代表性哲学家之一。他的哲学影响力并非如英美学界惯常所说的那样，仅限于那些曾引起争议的人生观和文化观方面，而是特别指他对现代人文社会科学整体结构进行的深刻反省和批评。后者才是列维-斯特劳斯学术理论思想的持久性价值所在。

在上述列举的诸相关学科方法论中，一般评论者都会强调作者经常谈到的语言学、精神分析学和马克思哲学对作者结构人类学和神话学研究方式所给予的重大影响。就具体的分析技术面而言，诚然如是。但是，其结构主义人类学思想的形成乃是与作者对诸相关传统学科理论方向的考察和批评紧密相连的。因此更加值得我们注意的是其学术思想形成过程中所涉及的更为深广的思想学术背景。这就是，结构人类学与 20 世纪处于剧烈变动中的法国三大主要人文理论学科——哲学、社会学和历史学——之间的互动关系。作者正是在与此三大学科系列的理论论辩中形成自己的结构人类学观念的。简言之，结构人类学理论批评所针对的是：哲学和神学的形而上学方向，社会学的狭义实证主义（个体经验主义）方向，以及历史学的（政治）事件史方向。所谓与哲学的论辩是指：反对现代人文社会科学继续选择德国古典哲学中的形而上学和本体论作为各科学术的共同理论基础，衍生而及相关的美学和伦理学等部门哲学传统。所谓与社会学的论辩是指：作者与法国社会学和英美人类学之间的既有继承又有批判的理论互动关系。以现代"法国社会学之父"迪尔凯姆（Emile Durkheim）为代表的"社会学"本身即传统人种志学（ethnography）、人种学（ethnology）、传统人类学（anthropology）、心理学和语言学之间百年来综合互动的产物；而作为部分地继承此法国整体主义新实证社会学传统的列维-斯特劳斯，则是在扩大的新学术环境里进一步深化了该综合互动过程。因此作者最后选用"结构人类学"作为与上述诸交叉学科相区别的新学科标称，其中蕴含着深刻的理论革新意义。所谓与历史学的论辩是指：在历史哲学和史学理论两方面作者所坚持的历史人类学立场。作者在介入法国历史学这两大时代性议题时，也就进一步使其结构人类学卷入现代人文社会科学认识论激辩之中心。前者涉及和萨特等历史哲学主流的论辩，后者涉及以年鉴派为代表的150年来有关"事件因果"和"环境结构"之间何者应为"历史性"主体的史学认识论争论。

几十年来作者的结构人类学，尽管在世界上影响深远，却也受到各方面（特别是一些美国人类学和法国社会学人士）的质疑和批评，其中一个原因似乎在于彼此对学科名称，特别是"人类学"名称的用法上的不同。一般人类学家的专业化倾向和结构人类学的"泛理论化"旨趣当然会在目标和方法两方面彼此相异。而这类表面上由于学科界定方式不同而引生的区别，却也关系到彼此在世界观和认识论方面的更为根本的差异。这一事实再次表明，列维-斯特劳斯的人类学思想触及了当代西方人文理论基础的核心领域。与萨特以世界之评判和改造为目标的"社会哲学"不同，素来远离政治议题的列维-斯特劳斯的"哲学"，乃是一种以人文社会科学理论结构调整为目的的"学术哲学"。结构主义哲学和结构人类学，正像 20 世纪西方各种人文学流派一样，都具有本身的优缺点和影响力消长的过程。就法国而言，所谓存在主义、结构主义、后结构主义的"相互嬗替"的历史演变，只是一种表面现象，并不足以作为评判学派本身重要性的尺度。当前中国学界更不必按照西方学术流派演变过程中的一时声誉及影响来判断其价值。本序文对以列维-斯特劳斯为首的结构主义的推崇，也不是仅以其在法国或整个西方学界中时下流行的评价为根据的，而是按照世界与中国的人文社会科学整体革新之自身需要而加以评估的。在研究和评判现代西方人文社会科学思想时，需要区分方向的可取性和结论的正确性。前者含有较长久的价值，后者往往随着社会和学术条件的变迁而不断有所改变。思想史研究者均宜于在学者具体结论性话语中体察其方向性含义，以最大限度地扩大我们的积极认知范围。今日列维-斯特劳斯学术思想的价值因此不妨按照以下四个层面来分别评定：作为世界人类学界的首席理论代表；作为结构主义运动的首席代表；作为当前人文社会科学理论现代化革新运动中的主要推动者之一；作为中国古典学术和西方理论进行学术交流中的重要方法论资源之一。

20世纪90年代以来，适逢战后法国两大思想运动"大师凋零"之会，法国学界开始了对结构主义时代进行全面回顾和反省的时期，列维-斯特劳斯本人一生的卓越学术贡献重新受到关注。自著名《批评》杂志为其九十华诞组织专辑之后，60年代初曾将其推向前台的

《精神》期刊 2004 年又为其组编了特刊。我们不妨将此视作列维-斯特劳斯百岁寿诞"生平回顾"纪念活动之序幕。2007 年夏将在芬兰举办的第 9 届国际符号学大会，亦将对时届百龄的作者表达崇高的敬意。凡此种种均表明作者学术思想在国际上所享有的持久影响力。列维-斯特劳斯和结构主义的学术成就是属于全人类的，因此也将在不断扩展中的全人类思想范围内，继续参与积极的交流和演变。

　　作为人类文化价值平等论者，列维-斯特劳斯对中国文化思想多次表示过极高的敬意。作者主要是通过法国杰出汉学家和社会学家格拉内（Marcel Granet）的著作来了解中国社会文化思想的特质的。两人之学同出迪尔凯姆之门，均重视对文化现象进行整体论和结构化的理论分析。在 2004 年出版的《列维-斯特劳斯纪念文集》（L'Herne 出版社，M. Izard 主编）中有古迪诺（Yves Goudineau）撰写的专文《列维-斯特劳斯，格拉内的中国，迪尔凯姆的影子：回顾亲属结构分析的资料来源》。

该文谈到列维－斯特劳斯早年深受格拉内在
1939 年《社会学年鉴》发表的专著的影响，
并分析了列维－斯特劳斯如何从格拉内的"范
畴"（类别）概念发展出了自己的"结构"概
念。顺便指出，该纪念文集的编者虽然收进了
几十年来各国研究列维－斯特劳斯思想的概述，
包括日本的和俄罗斯的，却十分遗憾地遗漏了
中国的部分。西方学术界和汉学界对于中国当
代西学研究之进展，了解还是十分有限的。

百年来中国学术中有关各种现代主题的研
究，不论是政经法还是文史哲，在对象和目标
选择方面，已经越来越接近于国际学术的共同
标准，这是社会科学和自然科学全球化过程中
的自然发展趋势。结构主义作为现代方法论之
一，当然也已不同程度上为中国相关学术研究
领域所吸纳。但是，以列维－斯特劳斯为首的
法国结构主义对中国学术未来发展的主要意义
却是特别与几千年来中国传统思想、学术、文
化研究之现代化方法论革新的任务有关的。如
我在为《国际符号学百科全书》（柏林，1999）

撰写的"中国文化中的记号概念"条目和许多
其他相关著述中所言，传统中国文化和思想形
态具有最突出的"结构化"运作特征（特别是
"二元对立"原则和程式化文化表现原则等思
考和行为惯习），从而特别适合于运用结构主
义符号学作为其现代分析工具之一。可以说，
中国传统"文史哲艺"的"文本制作"中凸显
出一种结构式运作倾向，对此，极其值得中国
新一代国学现代化研究学者关注。此外，之所
以说结构主义符号学是各种现代西方学术方法
论中最适合中国传统学术现代化工作之需要
者，乃因其有助于传统中国学术思想话语
（discourse）和文本（text）系统的"重新表
述"，此话语组织重组的结果无须以损及话语
和文本的原初意涵为代价。反之，对于其他西
方学术方法论而言，例如各种西方哲学方法
论，在引入中国传统学术文化研究中时，就不
可避免地会把各种相异的观点和立场一并纳入
中国传统思想材料之中，从而在中西比较研究
之前就已"变形"了中国传统材料的原初语义

学构成。另一方面，传统中国文史哲学术话语
是在前科学时代构思和编成的，其观念表达方
式和功能与现代学术世界通行方式非常不同，
颇难作为"现成可用的"材料对象，以供现代
研究和国际交流之用。今日要想在中西学术话
语之间（特别是在中国传统历史话语和现代西
方理论话语之间）进行有效沟通，首须解决二
者之间的"语义通分"问题。结构主义及其符
号学方法论恰恰对此学术研究目的来说最为适
合。而列维-斯特劳斯本人的许多符号学的和
结构式的分析方法，甚至又比其他结构主义理
论方法具有更直接的启示性。在结构主义研究
范围内的中西对话之目的绝不限于使中国学术
单方面受益而已，其效果必然是双向的。中国
研究者固然首须积极学习西方学术成果，而此
中西学术理论"化合"之结果其后必可再反馈
至西方，以引生全球范围内下一波人类人文学
术积极互动之契机。因此，"文集"的出版对
于中国和世界人文社会科学方法论全面革新这
一总目标而言，其意义之深远自不待言。

　　"文集"组译编辑完成后，承蒙中国人民
大学出版社约我代为撰写一篇"文集"总序。
受邀为中文版"列维-斯特劳斯文集"作序，
对我来说，自然是莫大的荣幸。我本人并无人
类学专业资格胜任其事，但作为当代法国符号
学和结构主义学术思想史以及中西比较人文理
论方法论的研究者，对此邀请确也有义不容辞
之感。这倒不是由于我曾在中国最早关注和译
介列维-斯特劳斯的学术思想，而是因为我个人
多年来对法国人文结构主义思潮本身的高度重
视。近年来，我在北京（2004）、里昂（2004）
和芬兰伊马特拉（2005）连续三次符号学国际
会议上力倡此意，强调在今日异见纷呈的符号
学全球化事业中首应重估法国结构主义的学术
价值。而列维-斯特劳斯本人正是这一人文科学
方法论思潮的主要创始人和代表者。

　　结构主义论述用语抽象，"文集"诸译者
共同努力，完成了此项难度较大的翻译工作。
但在目前学术条件下，并不宜于对译名强行统
一。在一段时间内，容许译者按照自己的理解

来选择专有名词的译法，是合乎实际并有利于读者的。随着国内西学研究和出版事业的发展，或许可以在将来再安排有关结构主义专有名词的译名统一工作。现在，"文集"的出版终于为中国学界提供了一套全面深入了解列维-斯特劳斯结构主义思想的原始资料，作为法国结构主义的长期研究者，我对此自然极感欣慰，并在此对"文集"编辑组同仁和各卷译者表示诚挚祝贺。

　　　　　　　李幼蒸 2005 年 12 月

　　国际符号学学会（IASS）副会长

　　中国社会科学院世界文明研究中心

　　　　　　　　　特约研究员

感谢莫妮卡·列维-斯特劳斯
在本书出版过程中，
一直以来的关注和付出

莫里斯·奥朗德

序 言

川田顺造

克洛德·列维－斯特劳斯（Claude Lévi-Strauss）偕夫人莫妮卡（Monique）曾于 1977 年至 1988 年间五次到访日本。第一次出访前夕，在《忧郁的热带》日文完整版的序言中，这位伟大的人类学家就提到了他对日本的爱恋。

"没有什么比日本文明对我知识与精神的养成所给予的影响更早了。大概是通过一些简单的途径：我父亲是一位画家，是印象派的忠实支持者。他年轻的时候，有一个装满日本版画的大箱子，我五六岁时，他给了我其中的一幅版画。

我现在还会经常看它：这是广重①的一幅画，非常老旧而且没有边框，描绘的是海边松树林中散步的妇人。

"我为初次感受到的美感所震撼，把这幅画贴在一个盒子的底部，请人帮我挂在床的上方。这幅版画仿佛代替了从小屋露台看出去的全景，一个星期又一个星期，我尽力将日本进口的家具和人物模型置备到这个小屋子里，位于巴黎小田野街（rue des Petits-Champs）名为宝塔的商店曾专门进口这种小模型。此后，每当我在学校有优异表现时，就会得到一幅版画作为奖励，这样持续了很多年。慢慢地，我父亲的箱子空了，画都给了我。但这仍然无法满足我，我陶醉在胜川春章、葛饰北斋、歌川丰国、歌川国贞和歌川国芳等画家的画作世界里。直到十七八岁，我所有的积蓄都花在收集版画、绘本、刀剑和刀锷上了，这些不值得博物馆收藏（因为我的钱只够买些低廉的作品），

---

① 安藤广重，日本浮世绘画家。——译者注

却能让我专心其中达数小时，拿着一张日文假
名表，只为了费力地辨识它们的标题、题词和
签名……所以，可以说，我的整个童年和一部
分青少年时光，在心绪和思想上，在日本度过
的时间和在法国的一样多，甚至更多。

"然而，我从未去过日本。并不是缺少机
会，也许在很大程度上是我害怕让对我而言依
然是'童真之爱的绿色天堂'① 去面对广阔的
现实。

"我并非因此就不知道日本文明给西方带
来的宝贵教诲，如果西方世界愿意倾听的话，
那就是，为了活在当下，不一定要憎恨和摧毁
过去，而且所有称得上是文化产物的东西均来
自对自然的爱与尊敬。如果日本文明成功地在
传统和变化之间保持平衡，如果日本文明在世
界与人类之间维持平衡，而且知道避免其中一
方伤害和丑化另一方，如果……总而言之，日
本文明依据其智者的教诲，依然相信人类只是

---

① Charles Baudelaire，«Moesta et Errabunda».

暂时占据此地，在这短暂的过程中，人类没有任何权利在一个比其更早存在且之后继续存在的世界，造成无法补救的损失；那么也许我们会有微小的机会，使本书提出的一些悲观看法，至少在世界上的某个地方，不会成为对未来世代仅有的许诺。"

就是这样一位爱恋日本的列维-斯特劳斯，在本书中我们将再次见到他。本书首次汇集了列维-斯特劳斯多篇写于 1979 年至 2001 年的书稿，有些尚未发表，有些刊登在学术期刊中，有些曾只在日本出版。从这些多样化的文稿，可以看出他对日本人即使不算宽容，也至少是宽厚的眼光——作为非洲人类学家，我也有这种感觉。这正是克洛德·列维-斯特劳斯一生所持有的眼光，这在《忧郁的热带》最新日文版的序言中表现得尤其明显。

经莫妮卡·列维-斯特劳斯同意，我建议莫里斯·奥朗德添加几张克洛德·列维-斯特劳斯日常生活场景的照片。一些是 1986 年拍摄于日本的，一些是拍摄于法兰西学院

(Collège de France) 的社会人类学实验室或是位于栗树街（rue des Marronniers）的他家中的。最后，还有几张记录了特别时刻的照片，是拍摄于位于利涅罗勒（Lignerolles）他乡下家里的。克洛德·列维-斯特劳斯于 2009 年 11 月 3 日葬于离此地不远的村庄墓地中。

目　录

日本文化在全世界的地位[①]

 十分荣幸受邀参加正式成立不到一年时间的国际日本文化研究中心（Centre international de recherche pour les études japonaises）的研究工作。对此本人深受感动，感谢研究中心主任梅原武先生及其所有合作伙伴。但坦白地讲，

① 这篇演讲稿于 1988 年 3 月 9 日在京都的国际日本文化研究中心落成典礼上宣讲，并以日文首度刊登于东京的《日本公论》（*Chûo kôron*）1998 年 5 月刊，随后刊载于《美学期刊》1990 年第 18 期。

他们给我的这个研究题目"日本文化在全世界的地位",我觉得是很有难度的。原因很多,有实践上的也有理论上的。我十分担心会辜负他们邀请我时对我的信任。

首先是实践上的原因。不管我对日本及其文化抱有怎样的兴趣,无论它们是如何吸引我的,也不管我自认为它们在全世界的地位是如何重要,我都首先意识到,我对贵国的认识是非常肤浅的。从 1977 年第一次到访日本至今,我在日本逗留的时间总共不超过几个月。更严重的问题是,我既读不懂也不会说贵国的语言,我只能通过法语和英语的译本——以如此片面的方式——欣赏贵国从古至今的文学作品。说到底,即使贵国的艺术和手工业令我十分着迷,但我理解它们的方式依然难免表面化:我出生和成长的环境中,并没有这些手工艺品;仅仅是在我晚年时,我才有条件认识到这些手工艺品或家用物件在文化上的地位,并注意到它们的使用方式。

文化在本质上是无法比较的

除了这些实践上的原因，还有理论上的原因也让我怀疑自己能否回答这个问题。因为即使我穷尽一生研究日本文化——即使以某种专业能力来谈论它也不为过——但作为人类学家，我仍然怀疑能否客观地就它与其他文化的关系来定位这一文化，且不管它是哪一种文化。对于一个没有在这里出生、成长，没有在这里接受教育的人来说，即使掌握这一文化的语言和所有接近它的外在方式，也永远无法触及沉淀在这一文化最深处的精华，因为文化在本质上是无法比较的。所有我们用于区别某一文化与其他文化的标准，或是来自该文化本身因而缺乏客观性，或是来自另一文化因而缺乏作为标准的资格。为了对日本文化（或其他文化）在全世界的地位给予有效的评价，应该避免受到任一文化的影响。只是，在这一不现实的条件下，我们能否保证对该文化的评价既不是来源于所要检验的文化，也不是来源于观察者身处的某种文化，因为如果观察者就是这一文化的成员，则很难或有意识或无意识地脱离该文化。

有没有办法摆脱这一进退两难的困境？人类学存在的目的就是解决这一问题，因为人类学的工作就是描述和分析那些与观察者自身文化迥然不同的文化，用一种语言去阐释它们，同时承认这些文化自身不可消除的、独特的东西，从而使读者能够接近这些文化。然而，有哪些条件和必须付出的代价呢？为了详细指出人类学家受到的限制，请允许我以一个我观察到的例子来说明，也许大家会认为它太抽象。

虽然我的职业使我不便承认，但通常异国音乐一点儿也不会使我产生共鸣。因为我深受18、19世纪在西方出现并蓬勃发展的音乐形式的熏陶。我对异国音乐仅带有职业兴趣，很少能真正为其所动。但是日本音乐除外，我晚年才遇到它，它却立即俘获了我。这使我感到困惑，我请教了一些专家，力图了解为何贵国的音乐会对一个完全没有基础的听众有如此令人无法抗拒的吸引力。后来，我了解到尽管日本音乐和远东的其他音乐一样具备五声，但日本的音阶却与其他任何地方的都不一样。它以小二度音和大三度音的更迭为基础，也就是说，分别由一个半音和两个全音构成音程，第五阶的一个全音有可能变音。通过这种大小音程的紧密排列，日本音阶出色地传译了心脏的律动。旋律时而哀怨，时而带着淡淡的忧郁，连最不熟悉日本传统的听众，都能被唤起对"事物的悲伤"①的感知，这种感受就是日本平安时代②文学作品的主旋律，这种旋律完美地

---

①　"事物的悲伤"，即"物哀"（mono no aware），日本江户时代国学大家本居宣长提出的文学理念。这个概念简单地说，是"真情流露"。人心接触外部世界时，触景生情，感物生情，心为之所动，有所感触，这时候自然涌出的情感，或喜悦，或愤怒，或恐惧，或悲伤，或低回婉转，或思恋憧憬。有这样情感的人，便是懂得"物哀"的人。这有点类似中国话里的"真性情"。懂得"物哀"的人，就类似中国话里的"性情中人"了。换言之，"物哀"就是情感主观接触外界事物时，自然而然或情不自禁地产生的幽深玄静的情感。——译者注
②　日本平安时代是日本古代的一个历史时期，从794年桓武天皇将首都自奈良迁到平安京（现在的京都）开始，到1192年源赖朝建立镰仓幕府独揽大权为止。——译者注

诠释了文学作品所要表达的情感。

　　然而，当两个音区互相协调而致使西方听众自认为触及日本的灵魂深处时，实际上，他们也有可能产生误解。西方听众统称的"日本音乐"，对你们而言有着时代、类型与风格的区别。此外，特别是我听到的音乐并不十分古老——至多追溯到 18 世纪；因此，远远晚于我认为它所呼应的文学作品。源氏王子①曾演奏或聆听的音乐可能具有其他特质，接近由中国音阶衍生而来的音乐形式，尽管中国音阶较为平缓，不适宜诠释这种事物的非持续的、不稳定的情绪和时光无情流逝的感受……

　　然而，一个从外部审视一种文化的人，其认知不可避免地会有些残缺，其评价也会出现严重的错误，但这些认知和错误或许仍具价值。人类学家迫于只能从远处观察事物，无法洞察细节，而也许恰恰因为这些不足，他可以敏锐地感受到文化中不同层面潜在的或显现的

---

　　①　源氏王子是日本古典文学名著《源氏物语》（成书时间约为 1001 年至 1008 年）中的主人公。——译者注

不变的特质，而他漏掉的这些差异本身又使得这些不变的特质变得难以理解。人类学家在一开始就像天文学家一样。我们的祖先凝视夜空，他们无法借助天文望远镜，也没有任何宇宙学的知识。他们给没有任何实际形状的星群冠以星座之名：每一个星群都是由肉眼看到的同一层面上的星星组成，尽管这些星星与地球的距离各不相等。错误产生的原因是观察者所处的位置与其观察物体之间的距离太过遥远。也正因如此，人们很快观察到天体运动的规律。数千年间，人们利用它——现在仍继续利用着——来预测季节的往复，估量夜晚时间的流逝，寻找大海中的方向。我们应该避免向人类学提出更多的要求。虽然永远不能从内部认知一种文化，毕竟这是当地人所具有的特权，但是人类学至少能给当地人提供一幅全貌图，一些简单的轮廓——这些对于当地人来说，因为距离太近而无法获得。

世界神话的主要题材

　　刚才我以音乐为例道出我的感受，开始我

的演说。现在请允许我再举一个例子，我希望
大家能够借此进一步了解，我作为个人以及人
类学家理解日本文化的方式。

我在 1985 年第一次去到以色列及圣地；
大约一年后，1986 年，来到日本九州岛，也
就是公认的贵国最早的神话发祥地。我的文化
和出身本该使我更敏锐地感受前者，而非后
者。然而事实恰恰相反，比起大卫神庙①、伯
利恒石窟②、圣墓教堂③或是拉扎尔墓地④这些
遗址，琼琼杵尊⑤从天而降的雾山岛和日照大

---

　　①　大卫神庙（Temple de David），大卫是古以色列王国的
第二任国王。在公元前 1000 年左右建立了统一的以色列王国，
定都耶路撒冷。——译者注
　　②　伯利恒石窟（Grotte de Bethléem），基督教圣地，传说
圣母玛利亚和幼儿耶稣曾在此避难。伯利恒，据传是耶稣的出
生地，现位于巴勒斯坦中部。——译者注
　　③　圣墓教堂（Le Saint-Sépulcre），耶稣坟墓所在地，位于
以色列东耶路撒冷旧城。——译者注
　　④　拉扎尔墓地（Tombeau de Lazare），拉扎尔是耶稣的朋
友，基督教圣人之一。——译者注
　　⑤　琼琼杵尊是日本神话中的一位神祇，天照大神之
孙。——译者注

神即大日孁贵女神①藏身洞穴对面的天岩户神
社，反而带给了我更为深刻的感动。

　　为什么会如此？至于原因，在我看来似乎
是你们与我们看待各自传统的方式极为不同。
可能是由于日本有文字记载的历史开始的时间
相对较晚，所以你们自然地将历史植根于神话
之中。这二者间的过渡十分灵巧，特别是这些
神话流传的方式，证明了编纂者一个清晰的意
图，即将神话作为严格意义上的历史的序幕，
这便使两者间的过渡更加容易。西方当然也有
神话，然而西方几世纪以来就致力于区别什么
来源于神话，什么属于历史——只有被证实了
的事件才能归入历史。一个矛盾的结果由此产
生：如果传统记载的事件被认定为真实的，我
们就应该也能够找到事件的发生地。然而，以
圣地为例，我们又如何能保证那些事件就发生

---

①　日照大神（《日本书纪》）或称天照大御神（《古事
记》）、天照皇大神、日神，是日本神话中高天原的统治者与太
阳神，被奉为今日日本天皇的始祖，也是神道教最高神
祇。——译者注

在传说中的地点？我们又如何能够确定君士坦丁①的母亲海伦纳皇后，在公元 4 世纪到巴勒斯坦确认圣地时，不是因轻信而身受其害，而几个世纪后的十字军没有同样受到欺骗？尽管考古方面取得些进展，而几乎所有的一切都要建立在考古证明的基础之上。但即使不怀疑《圣经》的真实性，具有客观精神的参观者不一定对相关事件提出质疑，也会对人们指出的事件发生地提出质疑。

九州岛则全然不是这样：在那里我们沉浸在一种完全的神话氛围中。没有历史性的问题，或者更确切地说，在这种情况下，说历史性的问题不合情理。两个遗迹甚至可以毫无顾忌地争抢天神琼琼杵尊下凡之地的荣誉。在巴勒斯坦，人们需要用神话来丰富那些本质上没有什么内涵的地方，但是这仅仅是在"神话自称它不是神话"的情况下：就像一些地方，在

---

① 君士坦丁，罗马皇帝，他是世界历史上第一位信仰基督教的皇帝，曾在 313 年颁布米兰诏书，承认基督教为合法且自由的宗教。——译者注

那里"真的"发生过什么事，但又无法证明确实是发生在那里。但在九州岛，反而是这些无与伦比壮观的遗迹充实了神话本身，为神话增添了美感，使神话变得现实而具体。

对于我们西方人而言，有一道鸿沟将历史与神话分开。而相反，日本最吸引人的魅力在于，人们对于历史就像对于神话一样，都有一种内在的熟悉感。即使是现在，只要数一数前往这些圣地的观光车辆，就足以相信，那些重要的原型神话和被传统赋予了神话内涵的壮丽雄伟的风景名胜，在传奇时代和当代感受之间保持着一种真实的持续性。

这种持续性震撼了最早到访日本的欧洲人。早在 17 世纪，坎普法①将日本历史分为三个时期：传说中的时期、不确定时期和真实时期，其中就包含了神话。日本的这种处理和统一那些在我们看来不可调和的不同范畴事物的能力，很早就受到了注意，于是西方游客和思

---

① 恩格伯特·坎普法（Engelbert Kaempfer，1651—1716），德国学者，17 世纪末曾到访日本。——译者注

想家甚至在了解日本之前，就至少对它抱有一些敬意。在 1755 年出版的《论人类不平等的起源和基础》一书的注释中，让-雅克·卢梭[①]列举了一些我们一无所知或知之甚少的、急需到当地去研究的不同文化。其中光北半球，他就列出了大约 15 个国家，并且在最后写道："……特别是日本。"

为什么"特别是"？

一个世纪后，我们得到了答案。我们遗忘了日本记录最古老传统的著作《古事记》（*Kojiki*）[②]和《日本书纪》（*Nihon-shoki*）[③]，这两本书曾经给欧洲学术界留下了深刻的印象。英国人类学之父泰勒于 1876 年写过文章

---

① 　让-雅克·卢梭（Jean-Jacques Rousseau，1712—1778），法国启蒙思想家、哲学家、教育家、文学家，是 18 世纪法国大革命的思想先驱，启蒙运动卓越的代表人物之一。——译者注

② 　《古事记》是日本古代官修史书。该书以皇室系谱为中心，记录日本开天辟地至推古天皇（约 592—628 年在位）间的传说与史事。亦为日本最古老的文学作品。——译者注

③ 　《日本书纪》是日本留传至今最早之正史，原名《日本纪》，系舍人亲王等人所撰，于 720 年（养老四年）完成，记述神代乃至持统天皇时代的历史。——译者注

介绍过这两本书①，之后在 1880 年到 1890 年间，出现了最早的英文和德文译本。有些人则毫不犹豫地把它们当作原始神话——德国人说的"Urmythus"（原始神话）——的最忠实体现。他们认为在起源时期，这些原始神话应该对全人类都是相同的。

　　的确，这两本书有着不同的风格，一个更具文学性，另一个更具知识性，《古事记》和《日本书纪》极其巧妙地串联起世界神话的主要题材，把神话悄无声息地融入故事中。由此也显现出日本文化的一个根本问题：如何解释这个在广阔大陆的另一端、处于边缘位置、曾经历一段相当长的孤立时期的文化能够同时在其最古老的作品中将我们在其他地方遇到的分散的元素完美地集结在一起？

---

① E. B. Tylor，《Remarks on Japanese Mythology» （contribution lue le 28 mars 1876），*Journal of the Royal Anthropological Institute*，vol. Ⅶ，1877，pp. 55-58.

　　问题不仅局限于旧大陆①，在这些古老的作品中，很多神话题材或主题也同样出现在美洲大陆。但是，在这一点上，必须要谨慎：所有这些出现在印第安美洲和古日本的相同题材，也同样出现在印度尼西亚，而许多只在这三个地区被证实过。我们可以立刻排除独立创造的假设，因为这三个地区的神话在细节上都是一致的。我们是否要像以前一样，力求找到它们中唯一的起源？这有两种可能性：一种是印度尼西亚或日本神话各自独立地向两个方向流传；另一种是这些神话从印度尼西亚出发，先抵达日本，然后传播到美洲大陆。最近，史前考古人员在日本宫城县有新的发现，挖掘出大约四万或五万年前的石制工具，这是一处人类住所的遗迹，这处人类住所因其位于北方可能就是连接旧大陆与新大陆之处。

　　不要忘记，实际上冰河时期的许多时候，

---

　　① 旧大陆是指在哥伦布发现新大陆之前欧洲认识的世界，包括欧洲、亚洲和非洲。旧大陆与新大陆相对应，新大陆主要指美洲大陆。——译者注

甚至于距今较近的时期，即大概一万两千年至一万八千年前，日本和亚洲大陆都是连在一起的；因此，形成一个伸向北方的长长的弯曲的海岬。在同一时期，东印度群岛（Insulinde，也就是位于中国台湾和澳大利亚之间，新几内亚和马来半岛之间的众多岛屿）也曾大部分与大陆相连。最后，还有一些大约一千公里宽的陆地块，曾连接亚洲和美洲，处于现在白令海峡的位置。在陆地的边缘，有一条道路可以使人、物品和思想自由地从印度尼西亚流通到阿拉斯加，途中经过中国沿海、朝鲜、北西伯利亚……在史前的不同时期，这片宽广的区域，应该就是人口向两个方向流动的场所。因此最好放弃寻找神话传说起源点的企图。根据各种可能性，这些神话构成了人类共同的遗产，我们在任何地方都能搜集到它的残枝末节。

有关失落之物的主题

日本的独特之处是什么呢？对一段日本神

话的研究将有助于我剖析这一问题。1986 年，在九州东海岸，我曾有机会观察一个石窟，相传在那里，童年时期的鹈草葺不合命①由他的姨母抚养长大。后来，这位姨母嫁给了他，成了神武天皇的母亲。

在印度尼西亚和美洲，也可见类似的情节。但是，值得注意的是，日本的版本是最丰富的，这表现在两方面：首先，只有日本版本里有一段完整情节，它是关于一对具有互补能力的兄弟的。其次，是关于失落之物的主题。开始，物品的主人坚决要把它找回；接着，对海王或海神的拜访，不仅找到了失落之物，海神还归还了鱼钩，并把他的女儿许配给了犯错的弟弟；最终，作为丈夫的弟弟违反了禁忌看到他妻子分娩，他的妻子因此变成一条龙，并从此永远离开了他。最后这部分在欧洲也有相似的情节：根据 14 世纪的一段记载，仙女梅露姬娜（Mélusine）嫁给人类，被丈夫发现她

———————

① 鹈草葺不合命是日本神话中的神祇，神武天皇的父亲。——译者注

是半人半妖后，从此消失。她生下了一个男孩，后来这个男孩的后代想娶他自己的姨婆为妻。在日本版本中，海神公主的儿子娶了他的姨母。而奇怪的是，在南美的一个神话中，也确实有一个关于被偷的鱼钩，紧接着是和姨母乱伦的故事。尽管如此，我们只能在印度尼西亚、欧洲和南北美洲找到日本神话中的某些元素。而且，这些元素在不同地方出现时也并不完全相同。

更加丰富的日本版本也具有更加严谨的结构。如果我们追随《古事记》和《日本书纪》的记载，我们就会发现：神话故事首先展现的是生与死的重要对立；然后通过缩减人类寿命的折中办法来中和这种对立。在"生"的层面上，也出现了另一种对立，这种对立发生在两个兄弟之间。在时间轴上，一个年长，另一个年轻；在空间轴上，同时也是从能力角度来看，一个专于狩猎，另一个专于捕鱼，即分别与山和海相联系的两种活动。

在弟弟的鼓动下，两兄弟试图消除这种功

能上的对立，因此，他们交换了工具：鱼钩、
弓和箭。最终他们失败了，但是这次失败也带
来了一次短暂的成功：当其中一个兄弟与海神
公主结合时，陆地与海洋之间这种空间上的对
立似乎被克服了。然而，就像一个人自身无法
同时拥有狩猎和捕鱼这两种能力一样，人类与
海怪双重身份的泄露也会受到惩罚。作为半人
半妖要付出的代价是沉重的，这对夫妻分手
了，空间的对立变得无法改变。《日本书纪》
在结束分手这一段情节时，说得很清楚："这
就是陆地和海洋世界再也没有交集的原因。"①
可以说日本的岛屿本质使这种存在于陆地与海
洋之间的对立和人类被迫不断试图克服这种对
立的努力变得不可分离。

　　让我们来完成分析。在故事开头，人类寿
命的缩减为生与死的矛盾带来一个时间层面的
解决方法。在故事结尾，陆地与海洋之间这个
属于空间层面的矛盾，也获得了一个折中的解

---

① *Nihongi*，L. Ⅱ，chap. 48.

决之道：从海神处归来，男主人公获得了控制潮汐的能力。潮汐这一现象，有时使陆地的优势大于海洋，有时又使海洋的优势大于陆地，但都是再一次遵循属于时间层面上的周期性节奏。至此，故事结束了。因为，随着神武天皇的出世，这些宇宙间的对立不断地被消解，我们走出神话，进入历史，至少历史编纂者们的想法是这样的。

　　除这个例子以外，从日本古老的神话中，我还可以举出很多例子，我们能从中得到什么结论呢？我刚刚讲述的情节中，没有任何一段是日本所独有的。就像我之前说过的，我们可以在世界上许多地方找到类似的情节。有关于拒绝交换的主题甚至出现在非洲（如我们所知，非洲与亚洲有过很多次接触）。但是，没有任何一个地方能像日本 8 世纪的文学作品那样，把这些分散的元素有效地组织起来，并提供更为丰富的总结性素材。无论是体现消失的原型还是创新，这些作品都反映出日本文化的特性，这可以从两方面来看。在远古时期，很多元素为了形成相对同质的种族、语言和文化而相互竞争，鉴于这些元素的多样性，日本首先便成为汇集和融合之地。但是，日本的地理位置位于旧大陆的最东边，它与外界断断续续的隔绝，使它像个过滤器，或者我们更愿意说它像个蒸馏器，从顺着历史长河流淌和融合的物质中，将更为稀有、微妙的精华蒸馏出来。这种借鉴与综合，诸如混合与新颖独创的交替，在我看来，便是对日本文化在全世界的地位与角色最为合适的定义。

汇集与融合的阶段是从远古时期开始的，史前历史为此提供了证据。历经很多年，日本旧石器时代罕见的丰富性逐渐呈现出来。就如近期在明石市附近发现的一块被人类加工过的小木板，时间大约可以追溯到五万至七万年前，在世界其他地方我们能找到这样的东西吗？石器的多样性也让人惊叹。毫无疑问，数千年中，与不断的移民或当地的发展相适应的各类文化，在日本播下了多样化的种子。

"绳文精神"与行动绘画

相反，一种猎人的、渔民的或非从事农业却善于陶器艺术的集中定居民族的文明，对我们来说完全是一种新颖独创的情况。人类文化范畴中，没有其他任何文化可以与之相比较。因为，事实上，绳文陶器与其他都不同：首先，从年代上来看，没有其他任何陶瓷艺术会如此古老；其次，从保存寿命上来说，它已经存在了上万年。特别是在绳文中期一些我们可以称之为"闪闪发光"的作品上，凸显了一种惊人的表现风格，令人无法比拟，只能不恰当地描述：时常不对称的结构，丰富的造型，轮廓清晰的装饰——齿状、羽状、突起状、涡状以及弯曲的植物状装饰，让人联想到五六千年前出现的某种"新艺术"，或从其他方面来看，会让人联想到充满激情的抽象派艺术，或美国人所称的某些当代艺术家的"行动绘画"。即使是已经完成的作品，当中也保留着雏形时的某些东西。或许作者突然受到灵感的启发，每

一件作品最后的形态都是在创作中出于本能的
冲动下完成的。

　　产生错误的印象可能是由于我们对这些器
皿使用方法的无知，以及对一个我们几乎完全
不了解的族群的社会、心理和经济状况的无
知。无论如何，我时常自问，尽管弥生文化①
给日本带来了很多冲击，但是我们或可称之为
"绳文②精神"的某些东西，在当代日本就不存
在了吗？也许我们应该把创作上快速和准确的
这种不变的日本美学特质归结为"绳文精神"。
一方面掌握着令人无法超越的技术，另一方面
是完成作品之前长时间的思考，这两种状况很
可能出现在灵感丰富的绳文陶艺家身上。我们
从那些设计奇特，使用薄厚、硬度不一的竹
片，任意交错编织成的小篮筐上——在日本的
展览厅和博物馆里，它们似乎并未占据重要的

---

　　①　弥生时代是由发现弥生式陶器的东京都文京区弥生町而
得名的，是日本绳文文化之后的一个重要历史时期。——译者注
　　②　绳文时代是日本石器时代后期，约一万年前到公元前1
世纪前后的时期。——译者注

地位，但我却看到了其最奇特的一种表现力——看到对这种美学的遥远呼应，以及相同风格理念的另一种表现形式，从多种不寻常的角度看，这不就是日本味道的体现吗？

对于其他的倾向和基调，我们将不会产生那么多疑惑。一些风格特征反复出现在弥生时代铜铎①侧面的装饰图案中，几个世纪后的埴轮②中，更晚些的大和③艺术中，以及离我们时代很近的浮世绘④艺术中。到处都显露出强烈的表现意图和方式上的审慎，以及在书画刻印艺术中均匀单一的颜色与线条轮廓之间既对立又互补的特质。除此之外，没有什么能够远远地脱离中国繁多复杂的艺术，中国艺术在其他时期或在其他领域，是日本艺术明显的启发之源。

————————

①　铜铎是日本弥生时代特有的祭祀礼器。——译者注
②　埴轮是日本古坟顶部和坟丘四周排列的素陶器的总称。——译者注
③　大和时代是日本定都于大和地区的时代（250—538）。——译者注
④　浮世绘也就是日本的风俗画、版画，是日本江户时代（1603—1867）兴起的一种具有民族特色的艺术，主要描绘人们的日常生活、风景和演剧。——译者注

日本文化因此具备一个惊人的天赋，即在各个极端之间摇摆。以日本织布工人为例，他们通常会将几何图案与自然图案编织在一起，日本文化甚至喜欢把对立的事物并置一处。日本文化在这一点上与西方文化不同，西方文化在其历史进程中也采取不同的立场，但是，它愿意相信是用一个来替代另一个，而不是往复。在日本，神话和历史不会被认为是互相排斥的，原创与借鉴也是如此。或者，最后从美学角度来看，日本漆匠和瓷器工人极致的精细与对天然材料和粗拙制品即柳宗悦①称之为"不完美的艺术"的喜好，这两者也不会互相排斥。更令人惊奇的是，一个善于创新的国家，处在科技进步的前沿，却保留着对万物有灵论思想的敬畏，正如梅原武先生强调的，这种思想植根于古老的过去。如果我们注意到神道②的信仰

---

① 柳宗悦（1889—1961），日本著名民艺理论家、美学家。——译者注
② 神道，日本传统民族宗教，视自然界各种动植物为神祇。——译者注

和仪式本身具有拒绝一切排他性的世界观，我
们就不会如此惊讶了。在认识到宇宙万物生灵
的精神本质的同时，日本文化结合了自然与超
自然，人类世界与动植物世界，甚至物质与
生命。

生命的不可预见性

在西方，生活习性和生产方式都是不断更
迭的，但在日本，似乎是同时存在的。它们与
我们的在根本上有什么不同吗？当我阅读日本
的古典著作时，我没有感到地域的不适，我感
觉到更多的是时间的错位。《源氏物语》预示
的一种文学类型，法国在7个世纪后从让-雅
克·卢梭的传奇小说中才认识到：缓慢而错综
复杂的情节，人物角色随着情节的细微改变而
发展变化，就像经常在生活中出现的那样，我
们不知道他们深层的动机；满是微妙的心理描
写和忧郁伤感的抒情表达，注重抒发对大自
然、万物的非永久性和生命的不可预见性的
感受。

日本伟大的编年史巨著《保元物语》《平治物语》和《平家物语》表明了另一种差距。因为这些悲怆宏伟的著作，既属于现在我们所谓的"深度报道"，同时又是一部史诗。许多章节结尾都打开了热情奔放的抒情窗口（比如在《平家物语》的第二卷中，描绘佛教的没落、发霉的经文手稿、被毁坏的寺庙的画面；再如第七卷末，平氏家族放弃福原）。我只在19世纪的西方文学中找到了能与之相当的作品，即夏多布里昂的《墓畔回忆录》。

最后，当我读到近松、出云、松洛、川柳、南北为文乐木偶戏所写的悲剧作品，以及看到歌舞伎改编版本时，我为其情节的丰富与巧妙、情节剧与诗意的结合、主人公情感描绘与大众生活画卷的融合所深深吸引。在我们的戏剧中，我认为只有仅在1897年上演过的艾德蒙·罗斯丹的《西哈诺·德·贝热拉克》与之接近。日本的一位年轻作家盐野谷启，将最近他获得法兰西学院嘉奖的一本有关日本与法国戏剧比较的书命名为《西哈诺与日本武士》①，我认为，没有比这更好的题目了。

不仅如此，正因日本文化的清晰，使它可以运用非常有逻辑的方式讲述神话主题，而神话的来源不止一处（以至于我们可以从中看到一种全世界的神话范例），同样日本古代文学也可以用来解释普遍的社会学问题。在两年前出版的日译版《遥远的目光》一书中，我尝试证明，像《源氏物语》这样的传奇小说，或者像《荣花物语》和《大镜》这样的论著或编年史著作，对当时的社会制度进行了极其深入的观察，非常细致地分析了角色的动机。② 因此对社会学家和人种学家来说，很多传统的重大问题都能从中得到全新的阐释。我由此想到表亲之间的联姻，我们的行话称之为杂交（croisés），还有母系亲族在绝对的父系社会中的角色。对于弄明白多年来一直困扰着人种学

---

① Paris，Publications orientalistes de France，1986.

② Claude Lévi-Strauss，*Le Regard éloigné*，Paris，Plon，1983.

家的问题，如从非洲到美洲西北部的散乱民族的社会组织等问题，日本也给予了宝贵的帮助。

感性的笛卡尔主义

如果，现在我们自问为什么在神话学和社会学这两个截然不同的领域里，日本 10 世纪或 12 世纪的古老文献能给我们提供范例，那么答案也许存在于日本精神的某些特质中。首先，将现实的方方面面充分列举和区分，不遗漏任何一个，并给予每个以同样的重视：就像我们从日本传统手工制品中见到的那样，工匠以相同的细心程度处理内部和外部，反面与正面，看得到的部分和看不到的部分。其次，科学与技术的革新，改变了制品的本质，这也是常见的情形。我从中找到了日本小型电器成功的一个原因：日本的袖珍计算器、录音机、手表，从另一个角度来看也是完美技巧的产物。在手感和外观上，这些制品仍然是吸引人的，就像不久以前日本的刀锷①、根付②与印笼③。

这种分析的精神，这种精神上同时也是智力上的禀赋，我找不到更好的词汇去描述它，就将其称为日本的"分色主义"（divisionnisme，这个词常用来指在一幅画中将几种纯色调并置）吧，我在日本文化的各个领域都能找到例证。在日本料理中，当然，日本料理保持自然食材的纯粹状态，与中国和法国的料理相反，它并不将各种食材或味道混合；同样，在大和艺术中，将图案和色彩分离，并把颜色平铺开；在日本音乐中也是如此，我曾简要地提到过，但我还想重新回到这个主题，强调这一点。

与西方音乐不同，日本音乐没有和声系统：日本音乐拒绝将声音混合在一起。但是日本音乐会将纯音转调，以此来弥补这一缺失。

---

① 刀锷，也叫刀镡，即现代所称的护手或剑格，日本刀的主要配件。——译者注
② 根付，和服带子上用来挂饰品的物件。——译者注
③ 印笼，一种小型盒式漆器。——译者注

多样的转调呈现出不同的音高、拍子和音色，而这些音色中又巧妙地融入了各种声音和噪声。不要忘记，西方人认为是噪声的虫鸣在日本传统中也被视作一种声音。所以，相当于和声系统的各种音色在一段时间内，以一个接一个的方式出现，但为了形成一个整体，这些声音都是在极短的时间内发出的。在西方音乐中，多种声音在同一时间一起响起，形成一个和声。日本音乐却是一个声音接着另一个，但并不会不协调。

说在这种日本对于区分的喜好中，能辨识出一种可与笛卡尔提出的准则相当的东西，这也许有些夸张。构成笛卡尔理论的准则是，"把每一个难题分成若干部分，以便一一妥善解决"，"尽量全面复查，以确保毫无遗漏"。与其说是概念性的笛卡尔主义，我更倾向于说日本是感性或美学的笛卡尔主义。即使这样说，这种类比可能还是显得勉强，但是它有助于理解自 18 世纪以来，日本对西方在精神上所产生的吸引力，正如卢梭所承认的那

样：日本在所有北半球文化中占据优势的
地位。

声音、颜色、气味、味道、质地

也许可以对我们两个国家各自的地理位置
赋予一种不仅仅是象征性的意义：法国位于欧
亚大陆的西端，日本位于东端。两个国家被位
于它们边缘的广阔空间所分开——一个在大西
洋沿岸，另一个位于太平洋岸边——法国和日
本看起来像背对背。然而，两个国家有着相同
的命运，因为它们共同受到来源于亚洲的影
响，这些影响通过两个相反的方向最终抵达这
两个国家。

接着，我想提及一位思想家也是一位伟大
的作家，他的想法曾被歪曲，作为不当的用
途。1859 年，戈比诺在提到亚洲时说："在世
界上发现的任何东西，都曾在其他地方被发
现，之后它被改良、修改、扩充或缩减；我们
有幸参与了第二阶段……但是，是创造力在包

容着生命。"① 戈比诺讲话的口气像个西方人；但是，很显然，日本的哲学思想、宗教观念和艺术，同样由来自波斯和印度的潮流孕育。自远古时期，可追溯到史前时代，旧世界就是人口与思想融合的舞台。让人无法相信的是，由此产生的一致性多于以后出现的分歧。我们两个国家分别处于欧亚大陆的远东和远西地区，直到进入（有文字记载的）历史时期，两国的步伐从未完全彼此脱离。一个共同的神话和传说宝库可以为此做证明。

古希腊人在弗里吉亚也就是在亚洲建立了米达斯王国，就是长出驴耳朵的米达斯。我们在中国西藏、蒙古和韩国都可以找到类似的故事，甚至在日本 6 世纪或 7 世纪的文学作品《大镜》中，也能清楚地看到这个故事的影子。1983 年，在参观琉球群岛的伊平屋岛时，我听到了一首圣礼上唱的歌，人们逐句翻译给我听。我惊呆了，在这首歌中，我辨认出希罗多

① J. A. de Gobineau，*Trois Ans en Asie*，Ⅱ，Ⅶ.

德讲述的一个曾发生在利迪亚的故事。[①] 反之，在中世纪，佛陀成为基督教教会圣师著作全集中的一个人物，名为约萨法特（Josaphat）。我们能很容易地辨认出这是菩萨（bodhisattva）这个词的近似音译。

　　杰出的日本学者大林太良先生和吉田敦彦教授想在韩国和日本重新找到源于印欧语系的题材，尤其是由已故的乔治·杜梅吉尔提出的印欧古代文明的三大职能思想（即"三元结构说"），这一思想体系在大约公元 4 世纪，由来自南俄罗斯的一支游牧民族引入。当我荣幸地在法兰西学院见到杜梅吉尔先生时，关于这些假说，我在谈话中说到类似印欧古代文明的三元结构也存在于西方的波利尼西亚。在评论我的观点时，杜梅吉尔先生与我谈及：法国人种学家、思想大师马塞尔·莫斯在谈话过程中经常自问，波利尼西亚语中"areoi"这个词，原本指的是一个宗教团体，是否就是梵文中

---

① Voir p. 91，«Hérodote en mer de Chine».

"ârya"这个词衍生而来的，我们在法语中将其写作"aryen"。三大职能存在于太平洋地区的问题，可能不仅仅与日本有关。

对于历史的猜测要十分谨慎；但是，有很多迹象表明，东方和西方之间，在史前时期就建立了联系。如果位于亚洲大陆岬角的欧洲和亚洲及其最东部地区在过去有过活跃的交流，我们就更能理解位于亚洲最东端的日本和位于欧洲最西端的法国足以说明的在一系列转变中表现出来的对称状况。"亚洲曾有创造，"戈比诺在我前头提及的一部著作中写道，"但相反，它缺少我们所具备和惯用的批判性。"然而，没有哪个国家能比法国更符合戈比诺接下来的评论："批判是我们的主要能力，它产生了我们精神的形式，它打开了所有我们自豪的源泉。"

如果说法国在蒙田和笛卡尔之后，可能在思想上比其他任何一个民族都进一步发展了分析能力和系统的批判，那么日本则比其他任何民族都进一步发展了一种对分析的偏好和批判精神，这表现在所有有关情感和感觉的记述中。它区分、并置、协调着声音、颜色、气味、味道、稠度和质地，甚至在日语中还有一个专门用来表达这些感受的富有表现力的词汇宝库（gitaigo，拟态语）。无论是在日本的料理、文学，还是艺术中，都存在着一种对于方式方法的极度节约，这意味着每一个元素都负有传递多种意义的责任。除了通过某些词汇上的特点来看，日语并不是一种有音调的语言，但整个日本文明却显得像是一个有音调的文明，如果可以这样说的话，就是在这里每一段感受都能在不同的音区引起共鸣。

于是在旧世界相对的两端，出现了两种平行的批判精神形式。它们表现在相反的方面，却相互对称。我从中发现了原因——无论如何都是原因之一——即当法国精神了解了日本某事物时，就会感到它与日本精神是一致的。在法国，从 18 世纪起，工匠们就受到日本物件的启发，甚至将其原封不动地融入他们的作品中。通常，巴尔扎克对异国情调没有什么感觉，却曾在什么地方①说过"日本艺术之精妙"
这句话，并意味深长地将其与用他的话说是
"怪诞的中国发明"相比较。与法国的一位伟
大的画家安格尔同时代的人，将"构图重颜
色，轻层次"这种艺术特点，归结于远东绘画
的影响。最后，不要忘记，"（西方艺术的）日
本化"启发了印象派画家，更普遍地启发了19
世纪下半叶诞生于法国的欧洲艺术；也不要忘
记，在20世纪初，如果法国的艺术爱好者和
艺术家们没有从日本人身上发现他们对于天然
状态下的材料、粗糙的质地、不规则或不对称
的造型以及大胆独创的简化的喜好，那么法国
可能就不会发现原始或未开化的艺术了。乐烧
和琳派的陶瓷工匠他们也曾在朝鲜乡村陶瓷制
造者们的作品中找寻范例。从这个角度讲，我
们可以说是日本发现了"原始主义"。

旧世界因其稠密的人口和多种多样的文明
而显得像是一个充盈的世界。而其另一面又是

----

① 在《对于绝对的探索》（1834）书中。

怎样的呢？在东方，日本凝望着太平洋——一个空空的世界，至少从这个纬度看过去是这样的，日本和美洲隔着太平洋彼此面对面。仅依据地理学的观点，法国和日本各自的位置，以及日本和美洲各自的位置，都是对称的关系。但是是一种倒置的对称，这种倒置表现在好几个方面。

美洲大陆的发现是人类历史上的重大事件，这样说是有正当理由的。我们开始了解到，四个世纪之后，日本的开放是另一个重大事件，尽管特点截然相反。北美洲人口稀少，曾经是一个满是未被开发的自然资源的新世界。当日本走上国际舞台时，也像一个新世界，但其自然资源稀缺。相反，它的人口就是其所有的财富，不仅仅是数量原因，还因为它赋予了日本一个人道主义的形象，这种人道主义还尚未被思想斗争、革命战争拖累与消磨，并因对价值的坚贞信仰而充满生机。

从这个角度看，18 世纪由石田梅岩发起

的石门心学①运动，反映出生动的现实，他只
希望表达出一种思想：一种仍不受约束的人道
主义的现实，其中的每个人无论社会阶层和身
份，都能感到自己是尊严、意义和首创精神的
中心。我不知道这个优点是否会长久保持，但
是在日本，没有什么能比各尽其责的热情和美
好愉快的意愿更令人感动。在外国游客看来，
相较他们自己国家的社会与道德环境，它们便
是日本人民最重要的美德。

东西方思想的主要差异

　　作为结论，我想指出，这种双重对称关
系——我认为，一方面是日本和欧洲尤其是和
法国之间的对称，另一方面是日本与美洲之间
的对称——是如何重新推出日本曾给出的对于

_____

　　①　石门心学由日本江户时代商人、思想家石田梅岩创
立，作为"町人之哲学""道德性实践之实学"，阐述"商人之
道"。石门心学所提倡的"正直""俭约"的经济伦理，对日本
商品经济和社会职业伦理的发展具有独特的理论贡献，被视为
类似马克斯·韦伯提出的促发资本主义产生的"新教
伦理"。——译者注

东西方共同遇到的问题的解答的。

西方哲学家认为，东西方思想有两大主要区别。在他们看来，东方思想是以一种双重抗拒为特点的。首先，是对主体的抗拒。印度教、道教和佛教以不同的方式都是在否定对于西方人来说明确处于第一位的"我"（moi），致力于证明"我"的虚无。对于这些教派而言，每个生命都只是物质身体和心理作用的暂时结合，并没有诸如"我"一样的持久的因素：表象是虚妄的，注定会毁灭。

其次，是对言语的抗拒。从希腊人开始，西方人相信人类具有运用语言、理性地理解世界的能力：组织得很好的话语与现实相符，触及并反映万物的秩序。反之，按照东方人的理解，任何话语都无法补救地与现实不相符。世界最终的本质——假设这个概念有意义的话——我们无从得知。它超越了我们思考和表达的能力范围，我们对其一无所知，因此就无从说起。

对于这两种抗拒，日本以十分独特的方式

做出反应。日本当然没有像西方一样，赋予主体同等的重要性；它没有使主体成为所有哲学思考和所有以思想重建世界之举的必然出发点。我们甚至可以说，笛卡尔的"我思故我在"严格地讲，是无法用日文来翻译的。

然而，似乎日本思想也没有消灭这个主体：使其成为果，而非因。对于主体，西方哲学是离心的：所有的一切以主体为出发点。日本思想理解主体的方式则是向心的。就像日文的句法，限定词是以从一般到特殊的顺序构成句子的。同样，日本思想将主体置于最末：这是越来越小的社会和职业团体互相结合的方式产生的结果。主体因此回归现实，它就像是反映其归属的最终之地。

这种由外部构建主体的方式属于语言的范畴：素性倾向于避免使用人称代词，也属于社会结构范畴。在这种社会结构中，"自我意识"（conscience de soi）——在日语中我认为应该表述为"自我意志"（jigaishi）——是由参与集体劳动的每一个人的情感来表达的，无论这

个人的地位如何卑微。即使是一些中国设计的
工具，像万用锯或各种刨，在六个或七个世纪
前被日本采用，但其使用方式却截然相反：工
匠将工具由外向内拉，而不是向前推。把自己
置于终点而非起点的这一动作，揭示了一种相
同的深层的本性：通过外部来定义自身，以自
身在家庭、职业团体、特定的地理环境，以及
通常是在一个国家和社会中的地位来定义自
我。我们说日本像翻手套一样，翻转了对主体
的拒绝，为的是在否定中挖掘出正面效应，从
中找到社会组织活力的根源，它也使得社会组
织不受东方宗教形而上学的遁世观、儒家思想
的静态社会学，以及西方社会盛行的自我至上
的"原子论"的影响。

　　日本对于第二个抗拒的回答是另类的。日
本早就对思想体系进行过一次完全的颠覆：对
于来自西方的另一套体系，日本吸收了适合自
己的，去掉了其余的。因为日本没有全部抛弃
希腊人所谓的"理性"（logos）——理性的真
与世界的对应——日本坚定地站在科学知识一

边，甚至将其放在首位。但是，20 世纪上半叶，日本的思想处于昏乱状态，它为此付出了惨痛的代价，但最终还是重新忠于自己，它痛恨系统思想在西方世界所导致的"理性"的堕落，这种思想也给许多第三世界国家造成了破坏。

　　日本伟大的当代思想家之一丸山真男教授曾强调，日本的特质是在传统上就厌恶漂亮而空洞的词句，怀疑先验的推理，喜欢直觉、经验与实践。① 那么在这一点上，难以用日文来表达那些西方沉湎其中并用大写字母来书写的抽象概念——真理、自由、权利、公正等——就足以说明问题了。同样，木村资生教授提出的进化的中性学说出现在了日本而不是别处这一事实亦是如此。没什么能更好地帮助西方思想摆脱根深蒂固的偏见：所有的自然现象都有合理性，合乎逻辑的必然会指引它们朝着与我们自身行动类似的方向发展。

---

　　① Maruyama Masao, *The Intellectual Tradition in Japan* (*Nihon no Shisō*), Tôkyô Iwanami Shoten, 1961，p. 75.

在与东西方的比较中，日本文化凸显了自己的独特之处。很久以前，日本从亚洲学习到很多；随后，又从欧洲获益良多；而近期，更是从美洲的美国收获颇丰。但是，所有的这些借鉴都被细致地筛选过，最精华的东西都被很好地吸收了进来，以至于时至今日，日本文化都没有丧失自身的独特性。尽管如此，亚洲、欧洲和美洲还是能从日本文化中重新找到自己的影子，但已完全变了样。因为，今天，日本文化为东方提供了一种社会健康的范例，为西方提供了一种心理卫生的典范。它曾向这些国家借鉴，现在该轮到这些国家向日本学习了。

月亮隐蔽的一面 [①]

　　主席先生，女士们，先生们，我非常感动能有幸受到本次研讨会主办方的邀请，在最后一场发表我的演讲。同时，我无法不意识到我所处的状况是多么具有讽刺意味。因为，的确，如果你们想用一种你们认为是急需做的而且是很重要的实验来结束在法国开展日本研究的必要性这一话题的话，那么你们当然可

　　① 　在法日本研究学术研讨会（1979 年 10 月 13 日星期六）闭幕式上的演讲（Paris，8-13 octobre 1979，pp. 255-263）。

以更好地去找一个对这里一无所知的人，就像精神科医生介绍他的病人给听众一样。除非，你们还有另一个想法：也许是想在像能剧一般庄严肃穆和像歌舞伎般生动的演出之后，在结尾处安排一小段狂言。而我在其中的角色，就像一个身处众多学者中间的头脑简单的人，笨拙得连折扇（"末广"①）和雨伞都分不清，他表达的想法就像我们在法语中所说的那样，是"把膀胱当灯笼"（完全搞错了）。但是，我愿意接受这个角色，只因为想向日本基金会表达我的感谢，在不到六周的访问过程中，我的思想和人生发生了一次真正的转折。

就在两年前的一次旅行，那时正是我的研究室计划对"劳动"（travail）的概念进行研究。因为，我们惊讶地发现，在人种学家研究

---

① 末广即折扇，在现代则是"日本舞踊"（にほんぶよう/Nihonbuyo，日本舞）和"落语"（らくご/Rakugo，类似中国传统的单口相声）不可或缺的小道具。由于扇子可以展开成半圆形，又别称"末广"（すえひろがり/Suehirogari），表示兴旺、繁荣之意，所以也用来当作做喜事的小道具或纪念品。——译者注

的人群中，并不总存在"劳动"这个词。当这个词出现时，也不一定符合它在法文中的用法。我们在有些地方运用的一个词，也许在其他文化中可以用好几个词来表达。因此，研究在不同的文明中，人们如何构想，甚至命名——因为必然要从语言学开始——体力劳动与脑力劳动，农业劳动或手工业劳动，经常坐着的劳动与经常走动的劳动，男性劳动与女性劳动，这些都是很重要的。同样重要的是研究劳动者与其使用的工具之间维系着什么样的关系，无论是何种劳动者（我记得，曾经与吉田光邦教授有过一次关于这个问题的对话，是在他位于京都比睿山山坡上的漂亮房子里，他强调日本工匠会对他们的工具产生一种个人的依恋）。最后，还有对工作和自然之间关系的研究：是像西方普遍认为的那样，完全是人主动而自然被动的关系，还是像在其他文明中，人与自然是真正的合作关系——在观看一场能剧表演时，今天也在场的渡边守章教授，一直在给我讲解，他使我注意到在能剧中，劳动具有一种真

正的诗意的价值，确切地说是因为它代表了人
与自然沟通的一种形式。因此，我请求日本基
金会完全依据这类问题安排我的行程，也就是
说让我与工匠和劳动者们接触，而且最好不在
大城市中，而是在一些偏远的地区。正因如
此，我不会跟大家谈论我参观过的博物馆、庙
宇、圣所或是风景，甚至不去谈这次旅行的亮
点之一——黑岛的角海家，但我要谈的是从东
京到大阪、京都最后到日本海的隐岐诸岛，经
过金泽、轮岛、高山、冈山和其他地方，途中
我所遇到的人，从糕点师到清酒师，从陶瓷师
到铸刀师、织布工、染布工、和服绘画师、金
匠、木车床工，还有各种工艺的装饰漆工（从
沈金到莳绘）、木匠、渔夫、传统乐师，甚至
厨师。

虚幻的异国情调

　　我不会展开细节的描述，我想对你们讲的
是从这些见闻中得到的暂时的结论，不管它们
是对的还是错的。再次强调，请原谅作为初学

者的我惊奇地感受到日本和西方的手工业者之间巨大的差异。西方手工业者在维持原状方面相对成功些，但与日本手工业者相反，不太注意对古老技术的传承，实际上，这些技术在西欧依然存在着（除了可能涉及运用植物资源，如花朵、叶子、汁液、根茎的真正神奇的知识）。对于差异，我认为也许不在于最好或最大限度地传承技术——毕竟在巴黎的圣安东尼街区（faubourg Saint-Antoine）和其他地方仍保留着精湛的技术——而在于对家庭结构相对的保护。回到法国后，在我能向法国当局（就像你们所知道的那样，它关心对手工业的保护）分享我在日本的经验的情况下，我会谈对家庭结构的保护，让仍然保持这种结构的手工业企业能够获得特别的待遇或更多的便利，使它们能够保持并继续发展下去，这就是我的想法。

但是，我自省的同时也意识到，这与我刚开始时的想法相反，我在日本找寻的，可能是一种异国情调的虚幻的影像，可以说空间性少于时间性。也就是说，找回我称之为留有工业革命前的社会痕迹的地方，这些痕迹可能在某些领域比欧洲保存得更好。但它们是如此独特，以至于为了试图了解它们，我立即开始阅读各种关于日本的资料，尽可能追溯到最久远的时代。此外，在这方面我还参考了日本人自己的例证，我对此很惊讶，平安时代是一个完美的参考。

很快，我就遇到了对我来说充满了矛盾的问题。我过去读过威利（Waley）翻译的《源氏物语》，后来又读了赛登施蒂克（Seidensticker）的译本，以及西弗特先生（M. Sieffert）刚出版的译本的部分译文，对于每次从中发现的东西，我都感到很惊讶。当然，首先对于人种学家来说，这些都是惊人的资源：关于母系亲族关系的作用、关于表亲联姻的心理学（在那样一个时代，准确地说，一个正在成为历史并且明确表达它愿意成为历史的社会，想从这种婚姻中摆脱出来，因为婚姻制度的解放和可以自由选择婚姻也同样意味着可以对命运、条

约和契约进行思辨，在这里有各种非常珍贵的
参考信息）。但是，与此同时，这部情节缓慢、
错综复杂、事故不多、千变万化的长篇小说，
能使我想到些什么，又能从我们自己的文学中
对照出什么呢？我要说的可能平淡无奇，我不
知道，也许在我之前可能这些曾被论述过上千
次——我再次重申，我是作为一个无知者、初
学者在讲话——我只能找到一个参照和比较
点，那就是卢梭和他的《新爱洛伊丝》。但是，
还有更多的东西存在于《源氏物语》和卢梭的
作品中，虽然相隔好几个世纪，我依然能看到
一种作者与其作品人物之间的关系。在西方，
这种关系很晚才出现，例如在陀思妥耶夫斯基
（Dostoïevski）与康拉德（Conrad）的作品中，
一种属于心理幻想的动机不明的想法只能透过
外在的表象和结果去领会，从来无法了解人物
真正的心理活动，这种想法同时会给人一种事
实便是如此的感觉，让人觉得这是可能发生、
确会发生在现实中的事情。

　　如果你们允许，就让我们快速地比较一下

这两个情节。《新爱洛伊丝》中，一个女人嫁给一个比她年龄大很多的男人，并向他坦白她以前有过一个情夫；而这个丈夫急切地找来这个情夫，并强迫他生活在她身边，使这两个人都陷入不幸。我们永远都不会知道，这位丈夫这么做的原因是施虐还是受虐，是某种莫名的道德哲学还是纯粹的愚蠢。而在《源氏物语》，在我们叫作"宇治十帖"的章节中，又有什么样的故事呢？两个男孩因两个他们素昧平生的女人而情绪激动，最终导致两个女人遭遇不幸。在我看来，我们在这里，在相同的心理情境下，同样都真正地触及了人类的心理。

随后我埋头阅读《保元物语》《平治物语》和《平家物语》，多亏西弗特先生的译著让我在阅读中感到一次又一次的惊奇。因为，同样在这里，人种学家发现了惊人的内容，如生命止于二十岁的少年猎头文明，还有更多的参考信息不仅涉及人种学家所研究的更加原始的社会中的二元论构造，还有关于这种构造发展的资料。因为，如果我没有弄错的话，在平安京①先有地理上的两分即东边和西边；到了镰仓时代②则突然变为北边和南边，并且从纯粹的地理划分转变为阶级划分。

在日本旅行期间，我在其他城市和其他地区也注意到了这种构造的痕迹。轮岛在距今不远的古代是被分割为两半的：一半是"城市的主人们"，另一半是"平民们"，后者的地位低于前者。另外，在隐岐诸岛的中小岛上，有两个古老村庄，分别在北边和南边，平民是族内通婚，只和同村的人结婚，而上层阶级则是异族通婚，在村落之间交换配偶。但是，这些古老的作品不仅是人种学资料，还是"深度报道"和宏伟悲怆的"生活片段"——例如为义③的孩子们被谋杀的故事。这里，我再次自

---

①　平安京，平安京是日本京都的古称，是桓武天皇在794年（延历十三年）从旧都长冈京迁都后至1868年明治天皇迁都东京期间的首都。——译者注

②　镰仓时代（1185—1333），是日本历史中以镰仓为全国政治中心的武家政权时代。——译者注

③　为义，《平家物语》中源氏家族的一位重要人物。——译者注

问，在我们的文学中有什么可以作为参照。这种编年史与回忆录的少见组合，同时也是深度报道，在章节最后敞开宽广的窗口，迸发出一种令人心碎忧伤的抒情（比如，在《平家物语》的第二卷，描绘佛教的没落、发霉的经文手稿、被毁坏的寺庙的画面；再如第七卷末，平氏家族放弃福原）。这种组合，在我们的文学中，只能在夏多布里昂的《墓畔回忆录》中找到。

　　是什么样的日本能够消除文体差异，穿越各个时代，同时在 11 世纪到 13 世纪间，看似杂乱无章地带给我们以细致、精妙、感情丰富为特点的古代记事和文学体裁，而这样的作品六七个世纪后才在欧洲出现？我们会提出这个问题并没有什么奇怪的，更何况是第一次领会这个问题的我提出来的，但令我感到意外的是，日本人自己也有如此疑问。在整个旅途期间，我这个什么都不知道的人，一直是被询问的目标："您如何看我们？您觉得我们是怎样的？我们真的是一个民族吗？我们的过去汇集了欧洲-西伯利亚，还有其他来自南部海域的元素，我们曾经相继为波斯、印度、中国、朝鲜所影响，之后又受到西方的影响，而西方正在完全地塌陷中，它甚至再也不是我们牢固的依靠了吗？"这个潜在的疑问和奇怪的印象从何而来，当然就像在我之前来过的其他人一样，我来日本不仅仅是为了让人们向我展示日本，为了看日本，也是为了给日本人一个从未完全被满足的机会，让他们从我对他们形成的印象中，去看他们自己。基于我所掌握的这些独一无二的资料，我能给予我的日本同事和朋友们什么样的回答呢？我没有什么高论，当然，除了用我无知的天真话语告诉他们，我们不能怀疑这样一个在音乐、书画刻印艺术和烹饪方面都独一无二的国家的身份和独创性。

书画刻印艺术与烹饪

我不会过多地谈论音乐，因为我没有能力解释在欣赏日本音乐时所产生的那种全新的感觉的原因。我聆听的是传统音乐，让我震惊的是传统音乐所使用的每一样乐器都有不同的地理起源，其音符系统也因地理起源而不同。

　　书画刻印艺术？请允许我在此稍稍离题，谈论一个在我逗留日本期间遇到的十分棘手的问题，因为这个问题使我的日本朋友很困惑。我要说的是版画，这是我大概六岁时发现的艺术，之后对它的热爱从未停止。不知有多少次我被告知，我感兴趣的乃是粗俗之物，那并不是真正的日本艺术，亦不是真正的日本画，它们的水平就如同今天可以从《费加罗报》(le Figaro) 或者《快报》(L'Express) 上面剪下来的漫画。有些时候，我的恼怒会稍稍减弱，特别是在京都一家有些脏乱的四文钱（shimonsen）小店铺里，我发现一幅三折画——哦，不怎么古老，是安政时代的。我以前就知道这幅画的存在，它吸引我的原因是由于某些美国相似的版本。这幅画出自广重的一位学生之手，描绘的是鱼和蔬菜的战斗；这是一个可以追溯到室町时代的非常古老的题材（irui gassen，非人类间的战斗），它的作者据说是一位大臣、诗人，我想他名叫一条兼良。这是一个延续了很多年的题材，直到19世纪依然以下手物①这种通俗的形式存在着。之后，在东京大学的史料编纂所，当我要求查阅关于1855年江户地震的民间图画收藏时，也受到不屑的眼光。而我却貌似在那里找到了连奥维翰（Ouwehand）手里都没有的资料，大大丰富了我们对于有关19世纪地震的神话的看法。

从法国这方面来讲，我们也许因害怕看到龚古尔奖作家的和印象派作家的陈词滥调而更感到恼火。相反，我却想采取与这些常见的观点不同的观点，因为，我认为在18世纪和19世纪得到发展的版画最大的意义，就在于它展现了日本艺术中非常深刻的东西——请原谅我在秋山先生面前班门弄斧，他会纠正我的蠢话。这个东西连同其决定性的特质，我认为从平安时代末期开始出现在《妙法莲华经》的插

---

① 下手物，杂器，粗制的用具。——译者注

画里，经土佐派延续下来，在据说是藤原隆信
所作并让安德烈·马尔罗大为震惊的三幅令人
赞赏的肖像画上大放异彩：这样的东西一点儿
都不中国，我们可以把它定义为富有表现力的
线条和均匀单一的颜色的独立性和二元性。版
画比其他任何技艺更能展现独立性，因为在木
头上雕刻本来就不适合运用画笔，而在我看
来，相反地，使用画笔正是中国绘画的特点。
然而，矛盾的是，在欧洲，线条和颜色的这种
各自的独立性和自主性点燃了印象派画家的激
情，但是他们在艺术中的做法却完全相反。如
果他们真正理解了日本版画，那么就会明白它
不属于莫奈（Monet）、毕沙罗（Pissaro）或
者西斯莱（Sisley）的创作风格，而是会让人
想起安格尔的风格，因为在安格尔的作品中我
们能确切地找到这种让他同时代的人反感的相
同的二元性。

　　最后，谈一下烹饪，请原谅我如此庸俗，
但你们知道，对烹饪的研究在我的书中扮演着
一定的角色，因为在我眼中没有什么比身体上

参与自然世界的方式更重要的了。而且，坦白
地讲，我真的对日本料理一见钟情，两年前我
就在日常饮食中按照标准加入了各种藻类和煮
熟的米饭。总之，在日本品尝了各种各样的料
理，从三世料理（sansei）到怀石料理（kaise-
ki），并与日本厨师进行了长时间的、颇有收
益的交谈之后，我认为日本在烹饪方面也有完
全独特的东西，而且没有什么比这种几乎不含
脂肪的料理更能远离和区别于中餐了。日本料
理呈现的是纯粹状态的自然食材，把自主选择
如何搭配食材的权利留给食客。

　　在书画刻印艺术和烹饪中，我认为至少
有两个不变的特性。首先，是一种追求单一
性的精神上和心理上的卫生，这是一种孤立
主义和分离主义，因为，纯粹的日本传统书
画刻印艺术和纯粹的日本料理一样，都排斥
混合，而突出基本元素。我听说——但不知
道是不是真的——中国佛教和日本佛教的区别
之一在于：在中国，不同宗派的佛教可以共存
于同一座寺院里；而在日本，从 9 世纪起，就

有天台宗独自的寺庙和真言宗独自的寺庙。这同样也是努力保持物质原貌，令其与其他物质区分开的一种表现。其次，是一种在方式上的极致精简，它使日本精神与这次研讨会上多次被提及的一个作家本居宣长所谓的"中国式的夸张累赘"形成对比。这种方法上极致的精简意味着每个元素都获得了多种意义，比如在料理中，同一食材除味道以外，就有了季节的内涵、美感的呈现和特别的质地。

虫鸣

日语也许不是一种有声调的语言，或者勉强算是；但是我通常说日本文明在我看来，是一种有声调的文明，其中的每一个事物都同时属于很多音区。我且自问，这些事物所能引起的共鸣和联想，不就是"物哀"这个莫测高深的词的含义之一吗？如果事物的简洁和丰富性结合在一起，那么将意味着更多。我从一些报告中得知，一位日本神经科医生角田忠信，曾在他近期的著作中论证，日本人和包括亚洲人在内的其他所有人都不同，他们处理昆虫的叫声是用大脑的左半球，而不是用大脑的右半球。这让人想到对于他们而言，昆虫的叫声不是噪声，而是属于发音清晰的语言范畴。我们因此可以想象，某部西方小说中的主人公像源氏一样，试图将昆虫从遥远的荒野运到他的花园里，以享受昆虫的鸣唱。

虽然有这些不同，18世纪和19世纪的欧洲人依然能意识到日本艺术的重要价值，甚至他们自己的艺术都无从与之比较。我也曾强调过，最古老的日本文学让我们对照自己那些以别样的方式构思的作品。站在日本人的立场来看，日本显示出了赶上西方，甚至在某些领域超越西方的能力。因此，我们之间，除了差异，一定还存在着某种默契、对称关系和呼应。

在日文中，说话者似乎习惯在表达出门意图的同时，也略带有回来的表示。在日本逗留期间，我曾经因日本匠人锯木或刨木与我们方向相反而感到震惊：从远到近，从客体到主体。

最后，在阅读丸山真男先生的一本很棒的书《德川日本思想史研究》(*Studies in the Intellectual History of Tokugawa Japan*) 时，我真正意识到明治初期日本想要赶上西方，并不是为了与其同化，而是为了找到更好的方法防御西方。所以，与西方的离心运动完全相反，在这三个例子中都有一种向心运动，也就是说，在口语、技术活动和政治思想等不同领域中都存在同样令人惊奇的自制能力。

继续我的遐想，我来比较一下分别发生在日本明治时代和早一个世纪的 1789 年的法国的两件事。因为，明治时代标志着一种转变，从封建主义（这个词在这里的使用不是严格意义上的，我在这里甚至听到过对这一问题非常中肯的评论）过渡到资本主义。然而，法国大革命则是由官僚资产阶级和渴望得到小块土地的农民同时摧毁了奄奄一息的封建制度和处于萌芽阶段的资本主义。但是，如果法国大革命也是由上而下，也是由国王发起，而不是为了推翻国王——剥夺贵族阶级的封建特权，但让他

们保留财产——那么它也许会令只有贵族开始
冒险参与了的这项伟大的革命事业有发展下去
的可能。18 世纪的法国和 19 世纪的日本都面临
相同的问题：将人民纳入国家共同体。如果
1789 年的大革命以类似明治维新的方式进行，
那么 18 世纪末的法国就可能成为欧洲的日本。

最后，请允许我不再简单地作为法国同事
而是以研究美洲文化学者的身份展开最后一部
分论述。近几年来，似乎加利福尼亚印第安人
的很多语言，如温顿语、迈杜语，甚至可能所
有属于佩纽蒂语系的语言，实际上可能都是鄂
毕乌戈尔语，也就是西西伯利亚语和乌拉尔语
系的语言。

我不想冒险去思考乌拉尔-阿尔泰（ouralo-
altaïque）语系的稳定性或脆弱性，但是就像我
们以前可能认为的那样，在北美洲太平洋沿岸
确实存在属于乌拉尔语系的语言，而且同样是
在太平洋地区，阿尔泰语系的存在显然有着比
至今人们所能想象的还要大得多的影响力。因
为日本就像一个外露层，下面堆积着很多被描

写被命名的连续的地层，但它们位于我们几乎
可以称之为"欧洲-美洲"的基底之上，所以
只有日本才能证明它们的存在。

　　在这种情况下，对于研究历史的人来说，
如果我冒昧地讲一句，如果不是从月亮可见的
一面也就是从埃及、希腊和罗马的角度来看旧
大陆的历史，而是从月亮隐蔽的一面也就是从
研究日本和美洲文化的学者角度来考量，那么
日本历史的重要性会像另一种历史，即古代世
界和古代欧洲的历史一样，具有战略性意义。
还要考虑到，远古时期的日本可能扮演着欧洲
和整个太平洋地区之间桥梁的角色，条件是它
与欧洲要从各自的方面发展对称的历史——既
相似又对立：有点像赤道两边季节的颠倒，但
是是在另一个范围内，绕着另一个轴心反转。
因此，不仅从日本人和法国人的角度，即这次
研讨会的角度，也从更加宽广的角度来看，日
本在我们看来，可能掌握着某些关键钥匙，它
们可以打开通往关于人类过去的仍最神秘的领
域的大门。

因幡之白兔[①]

　　人们早已达成了共识，承认"因幡
之白兔"[②] 故事中的一个关于动物的小
故事在东南亚有很多版本，克劳斯·安
东尼就曾统计过这些版本。但是，今天
我要从一个完全不同的方向来考虑这个
问题。实际上，美洲神话中，无论是北

---

　　① 对于"因幡之白兔"美洲版的研究，发表于《神话、
象征与文学》（*Mythes，Symboles et Littérature*，Ⅱ，Librairie
Rakuxo，éd. Shimoka Shiwaki，2002，pp. 1 - 6）。
　　② *Kojiki*，chap. 21.

美洲还是南美洲，都有类似的故事，而美洲神话赋予这些故事的重要性，反过来让"因幡之白兔"的故事变得更加清晰。

南美洲的版本最接近这个故事。被敌人追赶的主人公（有时候是女主人公），请求凯门鳄（南美洲的一种鳄鱼）载其过河。鳄鱼同意了，却没安好心。它要求它的乘客辱骂它（作为吞食乘客的借口）：一种说法是鳄鱼指责主人公辱骂了它；另一种说法是主人公平安上岸后，认为自己可以逃掉时，确实辱骂了鳄鱼。[①]第二个说法最接近日本的两个著名的版本，在故事中，白兔的脚刚踏上河岸就嘲笑鳄鱼，把自己欺骗它的事告诉了鳄鱼。

雷鸟

这段情节在北美洲流传得更为普遍，它是曼丹（Mandan）印第安人的一个著名的传说。曼丹人居住在密苏里河（Missouri）上游，以

---

① Voir Claude Lévi-Strauss, *Le Cru et le Cuit*，p. 259.

种植玉米和猎食野牛为生，生活中的宗教仪式
颇为繁缛。神话解释了标志着一年中最重要时
刻的仪式的历法。

　　这则神话讲述的是，两个兄弟历经千难万
险，来到一个农神也就是玉米之母的家。在她
家住了一年后，想回到自己村子，一条大河拦
住了他们归乡的路。于是，他们坐在一条长角
的巨蛇背上过河。巨蛇说要在途中喂它食物以
保持体力，否则他们三个都有淹死的危险。但
是抵达对岸时，巨蛇吞掉了其中一个兄弟。另
一个兄弟在一只雷鸟的建议下，用假的食物献
给巨蛇，成功地救出了他的兄弟。雷鸟把两兄
弟带到它在天上的住所，在那里，他们完成了
很多壮举。一年后，雷鸟把两兄弟送回他们的
村庄，并命令当地人在每年秋天举行仪式来向
他们表达敬意。

　　在此，我不便详细重述我在《餐桌礼仪的
起源》① 一书中对这一神话故事展开了好几页

---

　　① 　Claude Lévi-Strauss，*L'Origine des manières de table*，
pp. 359-389.

篇幅的分析，我只想强调两点：首先我们会注意到在这个故事中有三个片段，第一个涉及居住在地面上的农神家，第三个涉及居住在天上的战神居所，至于第二个片段，则有关一段旅途，不是居留于某地，而是发生在水上。

第二点与主人公的行为有关。在农神家，两兄弟必须行事有分寸：他们可以去打猎，但是要低调进行，数量也要适度。相反，在雷鸟那里，他们的行为很过分：不听从别人慷慨给予的谨慎建议，而去攻击怪兽，并且杀死它们。因为水是天与地之间的中介元素，两兄弟对巨蛇的行为也介于节制与无度之间：包括交易、欺骗、虚假的承诺。这种模棱两可的行为在美洲神话中像是合乎逻辑的必然结果，并且可以从另外两种行为中推断出来，也是因幡的白兔对鳄鱼的行为。也许有人会认为细节是没有根据的，但是在美洲，当细节融入整体时便呈现出了它的意义。

在《古事记》中，"因幡之白兔"的故事构成了我们可以称之为"大国主神事迹"的首个篇章，"大国主神事迹"记载在《古事记》的第 21 章至第 37 章。[①] 记得接下来的章节是有关大国主神与他的兄长们在爱情上的竞争。为了报复他，他的兄长们让他经受了致命的考验。其中一项考验特别值得注意：众兄长砍倒了一棵树，用斧头劈开树干，把它分开，在里面钉入楔子，然后要求他们的弟弟钻进树缝中取出楔子，这样就可以在树干合上时夹碎他。

然而，这个在其他地方没有相同例子的主题[②]，却是美洲神话的典型主题，美洲神话中有不少关于叔叔或岳父力图残害侄子或女婿的故事。美洲神话学家们给这个主题命名的代号为"楔子的考验"（wedge test），在斯蒂·汤

---

① 《古事记》中天神的译名和章节的划分出自菲利普（D. L. Philippi，1968）。

② 克罗顿的米隆（Milan de Crotone）勉强算是一个例子。米隆是一位著名的希腊运动员，他于公元前 6 世纪生于意大利的克罗顿（当时为希腊殖民地），曾多次获得奥林匹克运动会的冠军。年老以后，为了看看自己是不是还老当益壮，他尝试劈开一段有裂缝的树干。然而他的手夹在了树干中，他动弹不得，最后不幸为狼群所食。——译者注

普森的《主题索引》（*Le Motif-Index*）中是
索引 H1532，在其著作《北美印第安人故事》
（*Tales of the North American Indians*）中是
索引 129。值得注意的是，统计出来的三十来
个版本集中出现在美国和加拿大的阿拉斯加和
落基山脉以西的地区。对于这样一个出现在大
洋洲和日本，并集中出现在美洲同一地区的神
话，博厄斯在一个多世纪之前就得出结论，它
的起源是在远东地区。对于"楔子的考验"这
一主题而言，也很难摆脱同样的结论。

　　大国主神的兄长们使他沦落到奴隶的地
位，但他却赢得了兄长们所追求的公主的欢
心，尽管有些许篡改，但是大国主神与其兄长
们之间的冲突属于普遍神话。因此，正确对待
它的方法就是，不给予它特别的意义。但应该
注意的是，《古事记》将这个冲突与必须通过
讨价还价或欺骗的方式才能得到那个易怒的摆
渡者帮助的章节相连接。然而，有关嫉妒的亲
戚的神话其美洲版本也同样做了这样的组合。
更好的是，美洲的版本把日本神话版本中只是

相近却不相同的故事主题，融合在了一个故事中。比如，遭兄嫂诬陷，主人公被放逐到一个湖中的荒岛，他会获得水怪的同意让他渡过湖回到陆地。① 总之，在《古事记》中看似随意的搭配（主人公不同）——我们因此对其有过不少思考——在美洲神话中是有充分理由的。

我们现在来看"大国主神事迹"的下一段情节，故事发生在须左之男命②家中。这个故事在美洲神话中有完全相同的版本，叫作《坏丈人》，英文索引名称"evil father-in-law"。最普遍的版本讲述的是一个年轻的主人公，通常出身或低微或神奇，为了迎娶太阳的女儿而登上天庭。当然，须左之男命并不是太阳神，但他所选择的居所（《古事记》13.6章），即大国主神所到之处确实有着"另一个世界"的

---

① 关于这个主题，请参阅克洛德・列维-斯特劳斯《裸人》（*L'Homme nu*，pp. 401，462-463）。

② 须左之男命，又作素盏鸣尊，日本神话著名神祇，伊奘诺尊所生三贵子之小儿子。其性格变化无常，时而凶暴，时而英勇，最著名事迹为斩杀八歧大蛇。——译者注

特点。无论如何，在日本和美洲都一样，主人公到达目的地，遇到了主人的女儿。女儿爱上了主人公，并把他带到父亲面前，父亲虽同意他们的婚事，却力图置其于死地，对主人公加以他认为其无法通过的考验。在日本和美洲，主人公都在年轻女子神力的帮助下活了下来，女子不顾父亲的反对，与丈夫站在了一起。

鹤与鳄鱼

在说明美洲如何以不同于日本的方式，在一系列神话中赋予摆渡者一个合理的位置之前，我要讲一些题外话。

北美洲神话所描述的易怒的摆渡者，有时候是鳄鱼（这一地区的钝吻鳄），有时候是鹤。鳄鱼是活动的：它从河岸的一边游到另一边。而鹤是站立在呼唤它的人的对岸，只伸出它的一只脚当作渡桥。它要求那些请求过河的人对它送上赞美或礼物。如果它满意，便会提前告知渡河者它的膝盖很脆弱，不要去碰撞。相反，如果它不满意，便什么也不说，它的膝盖若被渡河者碰撞而折断，渡河者就掉进河里。

像鳄鱼一样，由于它的不怀好意和索求，只能算半个摆渡者。同样，鹤也只让一部分的请求者过河。或者我们可以这样说，它扮演着半个引导者的角色，安全地运送某一类乘客，拦截并溺死其他人。

题外话中的题外话：我从埃德温娜·帕尔默（Edwina Palmer）女士最近的一篇文章中得知，许多"风土记"（Fudoki）都记载，一位住在山上的守护神，只让一半的旅人通过，并杀掉另一半。在日本是否也存在像在美洲一样具有半个引导者功能的神话人物呢？我只是想指出这个问题，下面还是让我们回来探讨一下坏丈人这个主题吧，美洲神话将其与摆渡者的主题结合在了一起。

有一个神话流传在讲萨利希语（Salish）的印第安人中间，他们生活在太平洋沿岸，现今的华盛顿州。传说有两个兄弟（有时是好几个兄弟），其中最小的那个做了许多蠢事。不小心邀请了一个吃人的妖魔来吃晚餐，结果被其追赶跑到一条河的岸边，向在对岸正看着他的一只鹤呼救。这只鹤是雷神，主人公为了得到它的帮助，必须要和它顽强地交涉。最终，鹤同意载他过河，款待他，并将女儿嫁给他，但是他必须经受强加给他的致命考验，其中的第一项就是"楔子的考验"。他在妻子的帮助下通过了考验。

如此，摆渡者和坏丈人这两个在《古事记》中分处于相邻两个章节的人物，在美洲神话中得以合为一体。

我们看到了大国主神的神话和美洲神话相比较后的异同。在这些神话中我们总能发现相同主题或题材的融合：易怒的摆渡者、嫉妒的亲戚或亲戚们、坏丈人、劈开的树干的考验（也许还有给予好建议的姑娘，关于这一点还需要深入研究）。但是，这些主题或题材被并置在日本神话中，而美洲神话却将它们组织在一起。我们也许可以这样说，就像从前坟墓中的骨架，骨头不再连在关节上，但是彼此依然离得很近，为的是让人知道它们曾经共同构成一个躯体。大国主神神话中各个元素的邻近，说明这些元素曾经也以美洲神话那样的方式，彼此有机地连接着。

由此能得到什么样的结论呢？所有这一切就好像是一个可能起源于亚洲大陆的我们应该探究一下其足迹的神话体系，先出现在了日本，然后到了美洲一样。通过日本神话中一些没有关联却在叙述中接邻的片段，也可以发现这个体系的存在。在美洲，也许因为这个体系流传到那里的时间较晚，所以神话的统一性就更好理解了。按照这个推论，"因幡之白兔"的故事出现在《古事记》中就不是偶然的。尽管这个故事看起来与前后章节没有什么关系，但依然以它的方式证明了它是一个神话体系中不可缺少的组成部分，美洲的例证使我们可以对这一神话体系作出评判，而且比我更专业的日本神话学家们在受到我提出的假设的启发后，也许能够重建其联系。

本章参考书目

ANTONI, Klaus J., *Der weisse Hase von Inaba. Vom Mythos zum Märchen* (*Münchener ostasiatische Studien*, vol. 28), Wiesbaden, Franz Steiner Verlag, 1982.

BOAS, Franz, *Indianische Sagen von der Nord-Pacifischen Küste Amerikas* (*Sonderabdruck aus den Verhandlungen der Berliner Gesellschaft für Anthropologie, Ethnologie und Urgeschichte*, 23-27), Berlin, 1891-1895.

Kojiki (traduction, introduction et notes par Donald L. Philippi), Tôkyô, University of Tokyo Press, 1968.

LÉVI-STRAUSS, Claude, *Le Cru et le Cuit*, Paris, Plon, 1964.

– *L'Origine des manières de table*, Paris, Plon, 1968.

– *L'Homme nu*, Paris, Plon, 1971.

PALMER, Edwina, « Calming the Killing *Kami* : The Supernatural Nature and Culture in *Fudoki* », *Nichibunken Japan Review*, 13, Kyôto, 2001.

THOMPSON, Stith, *Tales of the North American Indians*, Cambridge, Mass., Harvard University Press, 1929, pp. 269-386.

– *Motif-Index of Folk-Literature*, Bloomington, Indiana University Press (imprimé à Copenhague par Rosenkilde & Bagger), 1958, 6 vol.

希罗多德在中国海[①]

1983 年 5 月，在东京居住一段时间之后，我有幸陪同两位日本同事到冲绳和伊平屋岛、伊是名岛、久高岛等相邻的岛屿继续他们的研究。

因为不懂语言，更主要的是也不会讲当地方言，所以我不认为我的观察——无论是什么——可以给近一个世纪

---

① 选自《Poikilia，献给让-皮埃尔·韦尔南的研究》（*Poikilia. Études offertes à Jean-Pierre Vernant*，Paris, Éditions de l'EHESS, 1987，pp. 19–30）。

以来日本、美洲和欧洲的学者（现在还包括一
位法国学者帕特里克·贝耶韦尔）关于琉球文
化的众多研究增光添彩。我作为旁观者，参与
了同事们的调查，我不时会大胆地向受访者提
出问题，他们会很殷勤地帮我翻译，反过来也
会把受访者的回答告诉我。

接下来的篇章没有别的目的，只是想作为
一段插曲的背景——我所写下的所有这些中唯
一可能具有独创性的——为向一位研究古希腊
的学者致敬，将此写进文集，我觉得不会显得
不合适。

东边是阳性，西边是阴性

第一次到访日本的人，会对其沿岸地区令
人难以置信的高人口密度感到十分惊讶。而在
琉球却不是这样的：为一片亚热带植被所覆
盖，而台风限制了这些植被的高度，在海边露
兜树的密林，通常一两公里都不见人迹。

而就是在那儿，存在着有关一种极其独特
的文化的大量证据，未经训练的眼睛是不易察

觉的。当我们认出它时，像第一拨发现者在当时描述这个文化时一样惊叹。

　　一条主要街道，南北朝向将每个村庄分为两半。这两半每年各自出一支队伍参加拔河对抗赛（拔河时用两根绳子，各自向自己方向反折，中间用一个环将两根绳子连接起来），拔河开始后双方尽力使对方站不稳。根据村庄的不同，人们期待胜利属于或是代表阳性本源的东边队伍，或是代表阴性本源的西边队伍，后者地位虽然低于前者，却保证了人类的繁衍和土地的繁荣。

　　房屋大多数是木制的，但也有混凝土建造的，所有房子都朝南，遵循传统的建造方式：搭建在柱石之上，前面地板突出来形成一个狭窄的走廊，沿着房子的正面延伸；房子正面非常宽敞，在台风来时有厚重的木制护窗板作为保护。每个房子包括两个主要的房间，男性居住的房间在东边，女性居住的房间在西边，后面有厨房，还有一两间小房间，作为孩子的房间或储藏室。

　　每个房子都位于一个小花园的中心，花园四周有围墙，通常由切割成不规则多面体的珊瑚岩石无浆砌成，它们堆砌得就像印加城墙石块一样精确。与此相对，还有使用砌墙来代替石墙的，然后是第三种墙：用残砖碎瓦砌成的墙。到处都是古老的珊瑚岩石墙，其颜色因岁月的流逝变得灰暗，却与鲜翠的绿草形成令人难忘的和谐，草地上种着不对称的小片试验林，树叶和花朵的繁茂昭示着这是在南部的海滨，榕树的苍白、扭曲的树根分裂开墙壁，完成了它的破坏工作。

　　花园的布局也像房屋的布局一样，没有什么变化。在南侧，外墙中断形成一个出入口；在出入口稍微缩进去一点的地方，一道石制的矮墙或木制的壁板构成一道屏障，替家庭生活挡住了路人的目光，并使其免受不祥之物的影响，在交叉口的石柱上也刻着或绘着对抗不祥之物的神符。要进入园子，需要从左侧或右侧绕过屏风。东侧的通道用于礼仪活动，而西侧的通道用于日常生活。一跨过门槛，就可以直接走向园子的东北角，在那儿一定能看到当地神灵的祭台，它就放置在地上，或用石头、贝壳以及其他形状奇特或珍稀的自然物垫高的地方。在西侧，我们会找到猪圈（如果还存在的话）和茅厕，这些都在特定神灵的保护之下。

厨房里，通常有着不合时宜的现代感，在空空的墙板之间总有个地方摆放着一口小锅，里面放着三块石头，代表了炉灶，也就是灶神。在主屋里，电视机即使没人看也从早到晚地开着，为了让人相信这些新式的"飘浮世界的影像"占据着的位置正是以前日本的浮世绘所摆挂的位置。

妇女的初祭

我刚刚稍稍提及了当地的信仰，但专家们坚持认为这些是过时的，这些信仰属于过去的文化阶层，也许在全日本都相同，并且出现于神道教形成之前。对于这些信仰，最让人震惊的是完全没有庙宇和神像。除去电视、电炉灶和洗衣机，只身处于这些树丛、岩石、洞穴、天然井与泉水之间，我感到一种与史前时代从未有过的亲近，而这些对于琉球人来说，都是神圣事物独一无二却多样的表现。

　　在大冲绳岛，距首府那霸方圆约二十公里的地方，有一处被破坏过的自然风光——现在为美军营地和油料物资库所占据——证实了1945年战斗的粗暴。但是岛上大部分地方的景色看起来是完好的，或许是已经复原了。半途中，在本部町半岛，今归仁城倒塌的城墙像是中国长城的缩小版，这里曾经是14世纪一位独立王侯的居城。在一座一直是朝圣者目的地的山丘上，从前我们面朝大海举行仪式，朝着伊平屋岛和伊是名岛的方向，那里也许就是航海的祖先们的到达之处。无论怎样，伊平屋岛都是第一和第二尚氏王朝王统的发祥地，尚氏王朝统一了之前的三个王国，从15世纪起统治琉球，直到1879年被日本吞并（北边的奄美大岛自1609年被萨摩藩征服）。

　　在岛的另一端，东南方的知念半岛上，斋场御岳遗迹仍是一个令人崇敬的地方：蔚为壮观的险峻岩石蜿蜒起伏，溪流从树木繁茂的陡坡流淌而下，在那里必须要小心毒蛇——这里每一个岛上的毒蛇数量都相当多，以至于当地居民会劝阻你去勘察如此偏僻的古老神圣之地。从斋场御岳的高地，我们可以远眺久高岛，它在冲绳群岛的宗教生活中占据着特殊的地位，对于这一点我将会再次提及。所有岛屿每年都会盛大地迎接从坐落在大海对岸的居所"龙宫"（"nira"或"nirai"）而来的天神，祈求天神带给人们和平与幸福。

　　众所周知，虽然社会结构明显倾向于父系社会——因此，尤其就文化作用来说，"门中"指的是男系亲属的家系——但琉球所有宗教生活都掌握在女性手中。在我访问时，久高岛上三百居民中，就有五十六位女祭司或祝女[1]，按等级排列：金字塔顶端是两位主祭司，一位主东，一位主西，并支配其他女祭司，按重要程度的顺序，她们负责或多或少数目家庭的祭

---

① 祝女，古代琉球国的琉球神道教女祭司。——译者注

祀活动。这个系统理想地建立在兄弟与姐妹之间的联系上：兄弟行使世俗的权力，姐妹通过自身与神灵的联系，给予兄弟以及她的家庭精神上的庇护，但是她也可以诅咒他。然而，通过拜访这些不同级别的女祭司——我们整天所做的事就是这个——我们了解到，她们的权利和职责承袭于她们的母亲或婆婆。因此，一个家庭或一个联姻家族的女祭司也许是一位姐妹、姐妹的女儿或儿媳：无论她们是出于母系、父系还是其他家族的女性。三十年前，马渊东一①就对此有过记述；依当地人想法，与超自然的东西产生关系的特权似乎是属于女性的，据此便与其在家族中的地位无关了。

女祭司的宗教职权并不是完全无私的。理论上是兄弟，而实际上是家庭中的男人都必须对她负责。退潮时在岩石间捕获的小鱼、海胆和贝类，都是不可忽视的食物来源。岛上居民的勤勉，让我想起太平洋彼岸加拿大沿岸印第

---

① 马渊东一，日本人类学家。——译者注

安人的一句谚语："海潮退去，餐食丰富。"但是，每两年一次极其危险的海蛇捕捞在惯例上是由女祭司来掌控的，人们非常喜欢海蛇的肉质，它的价格也因此倍增，女祭司可能从中获利。无论如何，一些级别高的女祭司，显然比中等居民更为富有，并且愿意展示自己的财富。

然而，祭祀活动依然朴实无华。在伊平屋岛和伊是名岛，偏僻的树林或村庄的边缘，有时候甚至在现代化房屋的庭院中，我们也可以看到被称作"ashage"① 的建筑：正方形或长方形的小茅屋，由树干和树枝构成的框架，支撑着倾斜得几乎要垂到地上的茅草屋顶。人需要弯腰才能进去，但是只有女祭司才能进入。就是在这里，在信徒们的目光无法企及之处，女祭司与神灵们进行交流。

大多数的女祭司上了年纪，有着自然的优雅、庄严与权威，但不会显得狂妄。看着她

---

① 　Ashage，祭神的地方。——译者注

们，或者与她们交谈，我们会觉得对于她们自己或其他人来说，她们与超自然力量达成默契是一件非常简单的事，或者说，是一件自然而然的事。女祭司更受到村中男性的尊重。从孩童时起，男性就知道自己被排除在每个月所举行的仪式之外（只有十月份没有仪式），他们的母亲、姐妹、女儿或妻子为祈求他们的健康或成功，在偏僻的地方举行仪式，之后她们会带着祭祀剩下的供品回来，而家里的男性无论年龄大小，都没有权利品尝。

男人们有时也会成为祭司，如在"门中"中，兄弟会成为他姐妹的助手，或者年轻时被女祭司派去捕捞海蛇。但是，在遍及全岛的祭坛和圣地的迷园中——面对久高岛的码头，一个很大的告示牌提醒游客注意，随意移动一块石头都有可能亵渎圣物——引领我们的老祭司带着一种神秘的恐惧给我们指示圣林的入口，就是在那儿，每隔几年会举行接纳妇女参加祭祀的仪式。他没有可能去到那里。

这位老祭司带我们来到清风拂面的一片片

海滩。冲绳群岛居民的祖先女神阿摩美久就在
那里下凡,在岛的东端;带着五谷种子的神的
使者在南部海岸下凡,他们最早在那里播撒下
作物种子。没有什么能使游客注意到这些圣
地,除了每个岩洞中的香柱和被浪花磨圆的珊
瑚石。人们在沙滩上挑选拣拾这些外形规则的
石头,作为极其朴素的唯一祭品,摆满临时搭
建的祭台。如果有一天海滩被填没,当未来的
考古学家在挖掘过程中到达这里时,会自问这
些我曾经好奇地细看过的一小堆一小堆光滑的
卵石是干什么用的。他们要如何才能认出这些
石头是护身符(每个被庇护的人三颗),是女
祭司为保护每家的男性成员于二月拾于海滩并
于十二月带到这里的?而且它们很快就又会为
海风吹动的沙子所覆盖。

　　距此地不远处,我们的向导漫不经心地指
给我们一些贝壳堆积的古老遗迹。他解释道,
这些就是女神最早享用的祭品的残羹。当我问
起天神带来的种子最早播撒的地方时,他把我
们带到数百米外,在最初种植谷物的小块田地

中间，也就是用石祭台标记的"御札"（mifuda）
之处；而在它不远处有个类似于落水洞的地
方，女神会回到那里睡觉。所有这一切，都被
人们用一种拉家常的对话方式讲述出来；在受
访者心中，这些事情就像明显的事实般确定。
它们并不是发生在神话时期，而是像昨日之事
一样。甚至是今日、明日之事，因为扎根于此
的天神每年都会回来，而且遍及全岛的礼仪和
圣迹都证明了他们是真实存在的。

哑巴王子的呼喊

　　这是一段很长的开场白，但是如果想跟读
者分享一段逸事带给我的一些意外，我就不能
省略，首先我必须还原当时的氛围，并描述一
下背景。

　　伊平屋岛上生活着大约一千五百人，他们
拥有我们称之为"文化馆"的地方，这在我
国，连一个有着两万居民的城市都不敢奢望。
文化馆非常宽敞，配有完善的视听设备，而且
像日本所有的公共场所一样，由戴着白手套的

女清洁工细致地维持卫生状况。我们与在港口
工作的工人一起，住在岛上两家小旅馆中的一
家。一天晚上，文化馆给我们打来电话，邀请
我们观看为每年祭典准备的圣歌排练（之后，
给我们看了祭典的录像）。当我们到达时，那
里几乎还没有人，因为演唱者都是渔民或耕
者，听说他们要在一天的工作结束后才能来。
他们陆陆续续出现了，六七个男人和女人每人
带着一把三味线①，这是当地的传统乐器，音
箱用蛇皮包覆着。歌声渐渐响起，有人轻声将
歌词翻译给我听。其中一首歌讲述的是一个生
来就不会说话的王子的传奇故事。尽管身为长
子，他的父王还是因为他的残疾决定剥夺其继
承权，而让他的弟弟继承王位。一位跟随哑巴
王子的朝臣，觉得主人深受屈辱而自己却无能
为力，便想要自尽。就在他要完成致命的一击
时，哑巴王子突然恢复了说话的能力，冲他喊
道："住手。"哑巴王子痊愈后继承了他父亲的

①　三味线，日本传统乐器。——译者注

王位。

庄严缓慢的节奏，宽广反复的旋律，这个故事由异国的农民们唱来，带给我深深的震撼。我的记忆深处灵光一闪，让我认出这是希罗多德（Ⅰ，38-39，85）曾经讲述过的克罗伊斯（Crésus）生命中的一段故事。

克罗伊斯也有两个儿子：一个天生又聋又哑，他说这个孩子"对他而言不存在"；另一个儿子被他当作"唯一的独生子"却死掉了。除了残疾，活下来的这个孩子"在各个方面都很有天赋"。在一场战争中，"在攻克城堡时，一个波斯人把克罗伊斯当成了另一个人而向他走去打算杀掉他……但是，当哑巴年轻人看到波斯人走上前时，恐惧和痛苦让他突然说出了话，他喊道：'你，不要杀克罗伊斯！'这是他第一次张口说出的话语，后来他一生都会说话了"①。由于他哥哥的死和他的痊愈，如果他的父亲能够保住王国，那么这个儿子就更有资格

----

① *Histoires*，Les Belles Lettres，traduit par Ph.-E. Legrand，vol. Ⅰ，pp. 52，86.

来继承王位了。

一个希腊传说，一个日本传说，二者之间是存在着一种偶然的相似性吗？当不止一个这样的例子出现时，这种假设便不成立了。当然，我们还是再谨慎地研究一个日本故事为好，无论是主人公的名字百合若（Yuriwaka），还是故事情节，甚至连细节都能让人联想到尤利西斯（Ulysse）和《奥德赛》。在日本，早在 17 世纪初（尽管距离《奥德赛》真正在西方变得众所周知的 16 世纪下半叶只有很短的时间），以百合若为主人公的小说就被指出可能是从葡萄牙商人或是西班牙耶稣会教士的故事中汲取的灵感。[1] 但是我们不应该忘记，以赛箭告终的主人公的冒险，这是一个源于亚洲的题材。同样，《奥德赛》中尤利西斯弓箭的混合特质也进一步肯定了此说法。[2] 关于这

---

[1]　E. L. Hibbard，《The Ulysses Motif in Japanese Literature》，*Journal of American Folklore*，vol. 59，n°233，1946.

[2]　H. L. Lorimer，*Homer and the Monuments*，Londres，Macmillan，1950，pp. 298-300，493-494.

个问题，有待进一步探讨。

相反，我们相信，米达斯（Midas）的故事广泛流传于远东地区是从中世纪开始的，也或许是更早的时候。有一部编写于11世纪或12世纪作者不详的日本历史著作，提到了"从前有个人，挖了个洞并朝里面说话"，因为他为不能散布一条消息而烦闷难耐。[1] 还有一部编撰于13世纪的朝鲜编年史，其中包含很多可以追溯到远古时代的素材[2]，其文字比奥维德（Ovide）笔下的还要细腻、优美，它讲述了861年至875年在位的景文王[3]的故事，他和米达斯有着相同的命运：

一天早上醒来，国王发现他的耳朵变

---

[1] *Okagami. The Great Mirror*, *A Study and Translation*, by Helen C. McCullough, Princeton, Princeton University Press, 1980, p. 65.

[2] *Samguk Yusa. Legends and History of the Three Kingdoms of Ancient Korea. Written by Ilyon*, traduit par Ha Tae-Hung et Grafton K. Mintz, Séoul, Yonsei University Press, 1972, pp. 125-126.

[3] 景文王，姓金名膺廉，一云凝廉，是新罗国第四十八代君主。——译者注

长了，而且毛茸茸的，像驴的耳朵一样。……为了不让别人知道他的秘密，他不得不用头巾把头包了起来，此事只有为他做头巾的裁缝知道，但也被严禁谈论。

尽管对国王忠心耿耿，但这位仆人还是为不能与其他任何人谈论这件独特罕见的事情而深受折磨。他因此病倒了，离家到庆州郊外的道林寺休养。有一天，他独自一人，趁无人监视，便跑到寺院后面的花园……当确定没有人能听到他讲话时，他快速冲到一片竹林中，声嘶力竭地大喊了好几遍："我的国王有一对驴耳朵!"如此，他的心情平静了下来，之后便去世了。

但从此以后，每当风吹过竹林，就会发出声音，似乎在说："我的国王有一对驴耳朵!"国王得知此事后，命人砍掉竹林，种上棕榈树取而代之。然而这样做是白费力气的：当风吹过棕榈树林，还是能听到同样的声音。当寺院倒塌变为废墟

时，庆州居民到那里寻找新长出来的棕榈
树和竹子的幼苗。他们把这些幼苗移植到
自家花园里，以聆听它们的歌声为乐。

米达斯的故事在蒙古和中国西藏的民间传
说中有很多版本①，所以它一直流传到了朝鲜
和日本就不成问题了。因此，没有理由对克罗
伊斯的故事出现在冲绳群岛有所质疑。佛教汇
集了许多古希腊和希腊化时代的素材，它能够
带给远东地区一些来自希腊的主题。两个故事
中主人公的故乡——一个是吕底亚（Lydie），
一个是弗里吉亚（Phrygie）——正标志着这
两个故事均起源于亚洲，然后分别向两个方向
传播开来。

---

① R.-A. Stein，*Recherches sur l'épopée et le barde au Ti-bet*，Paris，PUF，1959，pp. 381-383，411-412.

仙崖，顺应世界的艺术①

安德烈·马尔罗②承认仙崖义梵③的
艺术让西方观众感到困惑，他曾如是说：

---

① 选自《仙崖，禅宗僧侣 1750—1837》。该文为《墨迹》之
导论（*Sengaï. L'art de s'accommoder du monde* Introduction à
Sengaï moine zen 1750 – 1837 . Traces d'encre, Paris Musées, 1994,
pp. 19-30）。

② 安德烈·马尔罗（André Malraux），法国作家、评论
家。——译者注

③ 仙崖义梵（1750—1837），日本江户时代的画家、书法
家。他 11 岁成为临济禅僧人。在他之后 26 年的生命中，他投
身于绘画与书法。他的作品题材多样，从佛教肖像到风景、植
物、动物。这些作品只由水墨绘成，笔触敏锐、自然，并有着
强烈的幽默感。——译者注

"没有任何一种远东艺术，离我们的艺术和我
们如此之遥远。"

　　每当仙崖义梵在他绘画作品空白处的题
词含义为我们所理解时，我们就更明白产生
这种隔阂的原因。因为，从其含义和笔法来
看，文字与绘画的主题有着同等的重要性。
由于我们遗漏了这些简短的文字，它们常常
以诗的形式呈现，有不言明的题词、诙谐的
讽喻以及言外之意，所以我们对其作品只有
残缺的认识。

　　但是在某种意义上，所有远东地区的绘画
和书法确实是不可分离的，而不仅仅是因为书
法几乎总是占有一席之地。每一个被描绘的事
物——树木、峭壁、流水、房屋、小径和山
岳——都在其显著外表之上，凭借画家塑造与
构图的技法，被赋予了哲学的意义。

　　即使仅限于书法，显而易见，尽管翻译已
经竭尽所能，但俳谐①诗的精髓——如仙崖自

---

　　① 俳谐，是由十七音和十四音的诗行组合而成的诗，内
容诙谐幽默，或以讽刺为主。——译者注

认为与其类似的松尾芭蕉①的那些诗——我们
还是无法领悟。除了字面的意思——这是我们
唯一能够理解的——还要考虑词语的选择，为
表达同样的意思，为何选择这个词语而不是其
他，还有书写的风格（至少有五种字体的区
分），以及文字在纸张上的布局。更何况，在
仙崖义梵的作品中，粗略的轮廓、大胆的简化
以及疾行洒脱的笔法，这些消除了图像与文字
间的距离。后面我会再谈到这一点。

　　对于西方爱好者来说，仍然存在一个问
题。日本艺术以其纯粹、优雅、朴素和精确首
先感动了我们。因此——仅举一个例子——仙
崖义梵确与善于描绘女性优雅与美丽的画家伊
藤清永②、喜多川歌磨③、细田荣之④是同时代
的人，这便不得不引发我们的疑问：在同一个

---

①　松尾芭蕉，日本江户时代前期的一位俳谐师的署名。
他把俳句形式推向顶峰，被誉为日本"俳圣"。——译者注
②　伊藤清永，日本画家。——译者注
③　喜多川歌磨，日本江户时代浮世绘画家。以描绘从事
日常生活或娱乐的妇女以及妇女半身像见长。——译者注
④　细田荣之，日本画家。——译者注

时代、同一个国家中，如此迥异的表达形式为何能共同存在。它们也许在 11、12 世纪的绘卷中，能找到遥远而共同的渊源，这些绘卷呈现出了日本人特有的简洁的天赋和以简驭繁的艺术。然而，评价仙崖的艺术，还应该从其他角度来看。

第一个角度看似表面，却不因此显得肤浅，它也许是对于游戏的喜好，从中我看到了日本精神的一部分。我想到的不仅是当代的一些时尚如弹珠机①、高尔夫和卡拉 OK，也不仅是自平安时代起在宫廷生活以及小说文学中都占据重要地位的集体游戏，简单地说，还有表现了发明者创造力的这些有趣的玩具和物品。

在日本，我常常惊讶于就连一些非常严谨的银行家或商人也会对某些简单的小玩具痴迷，而欧洲的同行们却对此表现出或装出不感兴趣的样子。因此，当一位尊贵人士在初次拜

————————

① 弹珠机，也叫柏青哥或三七机，又俗称爬金库，是一种兼具娱乐与赌博功能的机器，在日本很常见。——译者注

访为表达敬意送给我一个笼中鸟造型的小物件
时，我一点儿也不惊讶，而是更感到高兴。当
阻断由隐藏在底座的电池供电的光线时，小鸟
就会啁啾鸣叫。

　　日本在小型电器的竞争中占有优势，也许
要归功于这种游戏的精神。这可能也解释了城
市中到处可见的设计风格极其混杂的怪诞建筑
结构产生的原因。

　　在书画刻印艺术领域中，这种对游戏的喜
好很早就体现在 12 世纪僧人画家鸟羽僧正①的
著名绘卷中：具有讽刺意味的动物形象开创了
一个传统，与仙崖同时代的葛饰北斋②恢复了
此传统。二三十年后，歌川国芳③以人物或动
物为主题的讽刺版画还在与之相呼应。

　　的确，即使在昔日画家身上，这些凭空想

------

　　①　鸟羽僧正，日本画家，著名作品为《鸟兽戏画》。——
译者注
　　②　葛饰北斋，日本江户时代后期的浮世绘画家，日本化
政文化的代表人物。——译者注
　　③　歌川国芳，日本江户时代末期的浮世绘画家，是浮世
绘歌川派晚期的大师之一。——译者注

象的作品似乎也是受到社会批评的启发，而不
是像我们在仙崖身上所见受到宗教的影响。然
而，分界线并不是那么容易划分的。鸟羽僧正
是个僧人；虽然 17 世纪末闻名于世的伟大画
家尾形光琳①创作了很多生动诙谐的作品，但
是我们不能忘记既是他的弟弟又是合作者的尾
形乾山②是禅宗的信徒。要掌握其中的联系，
就必须进行更深入的挖掘。

摆脱二元论

仙崖从属于禅宗，传承了茶道大师的精
神。自 16 世纪起，茶道大师们就在朝鲜和中
国寻找最粗糙、朴素的器具：贫苦农民使用
的、由乡村工匠就地制作的饭碗。在他们眼
中，这些器具，制作得既无灵巧的手工也无美
学的意图，反而具备更高的价值，像是真正的

---

① 尾形光琳，日本画家，工艺美术家。——译者注
② 尾形乾山，尾形光琳之弟，陶艺家。他受野村仁清彩
绘陶艺的影响，注重雅趣，形成自身风格，屡屡被后人模仿。
晚年往江户开设陶窑。绘画学其兄尾形光琳。——译者注

艺术品。如此，便出现了对于粗糙材质与不规则形状的喜好。一位茶道大师称之为"不完美的艺术"，并成为一种流派。在这一点上，日本人是"原始主义"名副其实的创造者；而西方是在数个世纪后——意味深长的事实是在经历了日本化阶段之后——通过非洲艺术与大洋洲艺术、通俗物品和原始艺术，还有从另一角度来看的"现成品"，才重新发现了"原始主义"的。

然而对于茶道大师来说，并不是像西方审美家一样为了在传统规则内找回创作的自由，也不是为了在沦为平庸的技艺之上创造出一种新的表达方式（就像乐烧的陶瓷，通过刻意的变形，使有意识的不完美成为一种风格；在书画刻印艺术领域中，西方的单版画亦是如此），而是为了摆脱所有的二元论，以达到美与丑的对立再无意义的境界：佛教中所谓的"真如"状态，先于所有的区分，很难或者只能用"真相如此"来定义。

说到陶艺哲学，提及仙崖并非不合适，因

为他在当时就是陶艺师和陶瓷绘师。作为画家，他同样不想通过摒弃丑来达到对美的追求。正如 6 世纪一位中国禅宗始祖所说，"不分巧陋，无可取舍"。这种即兴笔法，不在乎限制与规则，随意与优雅相交融，我们也许错误地将其认为有些类似漫画手法。漫画会故意夸张和扭曲现实，而仙崖的艺术则是由现实与动作的即兴交汇而产生的。这样的作品不是对实物模型的描摹，它提倡的是两种短暂的现象——一种形态、表现或姿态和下笔的冲动——同时发生，更确切地说是融合。禅宗绘画以自己的方式表现佛教思想的精髓：否认生命与物质的永久的实在性，通过顿悟，向往一种不分有无、生死、虚实、他我和美丑的状态；而且依照相同的原则，所有的方法都适宜于达到这一状态。禅宗不会在先验沉思、双关语与嘲讽之间做出任何价值上的等级划分。

因此，一个宗教画家的作品中充满诙谐也就不足为奇了。禅宗文学中有大量滑稽的小故事，例如一幅画让人联想到这样一个故事：一个瞎子在夜里提着灯笼给自己照路，人们感到纳闷，他解释道："这是为了不让别人撞到我。"但是，他还是被撞到了。人们告诉他是他的灯笼灭了，他又重新点燃，然而又再次被撞到。他责怪撞他的人，对方却回答说："我是瞎子。"

这个故事之所以引人发笑，是因为两个语义场之间发生了短路。"盲目"出其不意地由词语的含义过渡到功能的意义。由此，心灵的震动使听故事的人有所顿悟，让人明白了经验主义的存在将我们禁锢在各种矛盾中，以为加倍提防就能摆脱，却只是徒劳。

这种间接的教育方法有着古老的起源。禅宗派将其追溯至佛陀：对于弟子所提出的问题，他只是略做一个手势，弟子们看不懂这个手势，便坚持不懈地思索。也许还应该承认梵文文字的价值，它一贯使用文字游戏和同音异义字，因为双重含义必然打破各种现象之间全凭经验建立起来的关系，而进入超感觉的现实。深深植根于民众精神中的道教更是如此，它公开表明对社会惯例的藐视，并与佛教一样，摒弃所有二元论的形式。

在这些交汇中，中国的禅（zen）应运而生，它源自印度的冥想——禅那（dhyāna），之后在 12 世纪由到访过中国的僧侣引入日本，同时引进了中国单色水墨绘画技巧，并在文人间广为流传。

仙崖在其中占有一席之地。静修的佛教在印度传承了二十七祖。6 世纪时，第二十八祖菩提达摩（日文作达磨，Daruma）将其传入中国。六个世纪后，日本僧人荣西[①]（之后又过了六个世纪，仙崖成为其传人）在九州北部创立了禅宗。

众所周知，整个禅宗都认为传统、教义与圣书没有价值。"读这些就像试图用扫帚扫除灰尘一样无用。"仙崖在一幅画中写道。只有内心生活与冥想修行才是重要的。临济宗一派（仙崖所属的门派）就代表了这些修行的极端形式，它排斥宗师和弟子间的任何交流，只有

①　荣西，日文作榮西（Eisaï/Yôsaï，1141—1215），日本临济宗的创始人。他将佛教教义与日本文化结合，促进了日本佛教的发展。——译者注

一些含糊不清的叫声、没有意义的感叹和一些粗暴的动作，如棒喝或拳击，用来打破弟子的心理平衡，使之沉浸在精神的混沌中，这样就像是通过一声松扣声而达到顿悟，或许可以从中获得启示。

仙崖的很多幅画展现了一些问答或拒答的情形，现在依然很著名。例如，有个弟子问宗师："狗子还有无佛性？"弟子所得到的回答，仅仅是一个单音节词表示的拒答。因为问题中的一方是生命体，另一方是佛性，这正是佛教否认的二元性。另一个弟子自问，能否在扫地时心里想着佛但不亵渎佛？宗师让弟子间接地明白了，扫地这一活动像其他体力劳动一样深具宗教性，佛是通过万物呈现在我们眼前的，因此也呈现在尘埃里。

尤其，临济宗会经常使用"公案"①，即用

---

① 公案，禅宗术语，指禅宗祖师的一段言行或是一个小故事，通常与禅宗祖师开悟过程或是教学片段相关。公案的原意为中国古代官府的判决文书，临济宗以参公案作为一种禅修方式，希望参禅者如法官一样，判断古代祖师的案例，以达到开悟，又称公案禅。——译者注

矛盾的词语提出的问题或谜语。经典的例子有："单手击掌会发出什么声音？"这些公案将人的思想逼入死胡同，迫使人们不得不在理性思维之外寻找出路。弟子要花几个星期或几个月的时间，专心参悟"话头禅"①（临济宗的一个定义），对一个不可得的意思进行思辨，直到筋疲力尽，承受精神上的暴力的同时还得承受着身体和言语上的折磨。

　　我插入一个题外话。在法国，大学的传统没有完全忽视"公案"。曾经有一个学生参加考试，他日后成了一位著名的作家，考官突然提出一个问题："谁在何时何地做了什么？"这并没有使他惊慌失措，该学生一口气答出："亚拉里克（Alaric）在 410 年攻陷罗马，并大肆掠夺。"这位学生由于出色的回答而被录取。十三个世纪前，在中国，禅宗六祖曾以几乎相同的方式提出一个"公案"，他突然向弟子提

---

　　①　话头禅，又称看话禅，禅宗术语，主要是训练人的心灵，通过"看话头"的方式进行禅修，使内心获得宁静和专一，进入定境，开发智慧。话头禅盛行于临济宗。——译者注

问道："这是什么？"而弟子反问道："这，什么是这？"从而继承了六祖的衣钵。

这则小寓言充分阐明了西方精神与佛教的差异。对于前者，生就的探求者，没有什么是无法回答或不应该回答的问题：科学精神在此萌芽。这种自负反衬了佛教的智慧：没有任何问题会得到答案，因为每个问题都会唤起另外一个问题，没有什么具有特性，世上所谓的现实都是暂时的，它们相互交替、混淆，我们无法在交织的定义中获取答案。

同样，仙崖的画作也不能称作完成品，每幅画作都显示出他运笔落下痕迹的短暂瞬间。如此不稳定令他的作品时间形式重于空间形式。仙崖很清楚这一点，因而在许多画作中重复相同的主题。他的画作几乎没有单独的作品，都是系列作品，如同对于佛教而言，每个事物或生命的表面特性都会化为一系列暂时结合在一起的物理、生物或心理现象（相续①），

_____

① 相续（samtâna），是佛学术语，意为有为法前因后果连续不绝。——译者注

这些现象相互接替、混合或重复。在这种艺术中，画作并不会以我们画作的存在方式那样像物品一样存在，而是像某种东西，它出现了，而后又会在另一幅同样短暂的画作出现之后被抹去。

　　某些人可能试图将这种艺术作品的理念与西方偏重创作行为的理念相提并论。而实际上，它们刚好相反。抽象画家，特别是"抒情"类的抽象画家，力求在作品中表达他的个性；而禅宗的僧人则把自己视为非实体之所在，让世间之物通过自己表达出来。

　　我已经强调过书法的重要性，这不仅仅是因为文字的价值，还因为它是画作不可缺少的一部分。在一幅柳树图中，写着由两个字组成的一个词"堪忍"。第一个字"堪"，既黑又浓，看起来像是在表现风的猛烈；第二个字"忍"，更为清晰，笔迹很淡，像是在表现树枝的柔韧，这个字的下半部分也像树枝般生动。在一幅以一个圆圈、一个三角形和一个方形来表现宇宙空间的著名画作中，竖写的书法对于平衡三个图形所构成的横向的整体，也起着必不可少的作用。

如此，整幅图画便同时呈现出一种正交整体的效果，按从圆到方的作画顺序，即从右向左地欣赏图画是不能看出这种效果的。在其他画作中，图像与文字二者互相配合来表现主题。因此只有通过文字的暗示，才能将水壶和嗜酒的吃人妖怪酒吞童子（Shutendoji）的传说联系在一起，人们用下了药的清酒终能让其沉睡。仙崖为诗人松尾芭蕉所作的系列画作，以极为巧妙的方式阐明了图像与文字之间的辩证关系。因为，只要文字上用芭蕉来代替其著名俳谐诗中的青蛙，也就是说用创造者取代创造物，那么这幅画作就会使得松尾芭蕉的实体以芭蕉树的形式出现（诗人的名字与植物的名字相同）。不可分离的图画与文字，以暗喻与借代的互补方式相互呼应。

关于这些简练且看似手法落拓不羁的画作，还有另外一个值得注意的方面：文献的精准性。尽管提供的线索很简单，却什么也不缺，笔画处处都有示意。我们可以通过每个神灵的特征去辨认出他们：地藏菩萨手持锡杖；不动明王发型特别，还有斜视的眼睛和獠牙。那些将太阳女神从洞穴中引出来的众神的面具，只要稍加描绘便能看出就是现今九州农民演员们演出这一情节时所戴的面具，根据传说，演出地点就在传说发生地附近。除此之外，菅原道真①衣服袖口上绣着的李树不仅有装饰作用；而且开花的树枝贴着他的身体，似乎是为了更好地表现出它与主人神奇地重聚——这位大臣被流放，不得不孤独地离开了他引以为傲的花园。

涂鸦与书法

人们有时候给某些当代非形象艺术派画家的艺术冠以"书法"之名，这是语言的滥用，他们所创造的虚假符号不具有先于艺术家再次

---

①　菅原道真，日本平安时代中期公卿，学者。生于世代学者之家。长于汉诗，被日本人尊为学问之神。幼名阿古，也称菅公。——译者注

运用之前的内在意义（在今天的法国，只有那
些行家才看得懂的、画在墙上和地铁车厢里、
被称作"涂鸦"的作者们，才能被称为书法
家）。作为社会存在的这些文字符号通过书法
家的手，获得了个体存在。弘法大师，人称
"五笔和尚"的大书法家，关于他的传说甚至
肯定了它们已成为有生命的存在这一说法。

西方抒情抽象派想要通过这些不是符号的
符号来表达自我：其运动是离心的。而对于书
法，如同禅画，自我是符号表达自己，同时表
现书写者个性的方式。

这便是离心与向心的对立，当我们对比西
方与日本时，在其他方面也能找到这种对立。
从日语的结构（将主语放在最后）到手工劳动
在使用锯、刨和陶车以及穿针引线和缝纫等方
面，日本工匠偏爱与我们方向相反的操作方
式。禅画也表现出了这种特质，这是典型的日
本精神之一。

禅画同时也与日本生活的具体现实相契
合，尽管是通过不同的途径。如果禅是一种通

往智慧的冥想修行，而且如果这种智慧在于摆脱表象的世界，那么在最后的阶段，这种智慧便会发现自己为其他错觉所困，它也该怀疑自己。然而，一个怀疑自身的知便不再是知了。达到一切皆不知的这种至高的认知，智者就解脱了。达到这样的境界，对其而言就是领悟到万般皆空，如同一切都有其意义，并且像常人一样，与同时代的人共同生活。

因此，仙崖的作品具有通俗和随和的一面。他的作品就像世界的小舞台，为人种学家提供了一幅描绘当时日本社会与生活的详尽且珍贵的画卷。它包罗万象：从佛教众神、禅宗圣徒传记里的圣人、传说中的英雄、传统民俗中的人物，到日常生活场景、各地风光、职业活动（包括乞丐和妓女），还有动物、植物、田地农务与居家用品……要是不考虑世俗的影响，我们就会提到葛饰北斋的"漫画"，同样丰富、多样，并且充满生机；而且我敢这样说，尽管有着体裁、时间和空间的距离，我们还是会想到蒙田的《随笔录》，从其内容的丰富程度和文集中所洋溢的智慧来看，它都是可比拟仙崖作品（无论是文字还是绘画）的。因为，蒙田的思想在西方可能提供了最多的与佛教的联系点。

这一汇合证明了诞生于不同时代、旧大陆两端的教诲的普遍意义。这些教诲同样激励人们抛弃表象，质疑所有信仰，放弃追求最终的真理，寻求一种最适合智者的状态，以便泰然地与人们共同生活，分享他们的小欢乐，怜悯他们的悲伤，并顺应这个世界。

驯服陌生感

两样事物越是对立，它们相互之间就越是友好。

柏拉图《吕西斯篇》（215e）

西方曾两次发现日本：16世纪中叶，耶稣会教士追随葡萄牙商人深入日本（但在17世纪便遭到驱逐）；三百年后，美国采取了强制日升帝国（日本对本国的称谓）开放国际通商的海军行动。

第一次来日本探寻的一位主要参与者是传教士佛罗伊斯（Luís Fróis）。第二次探寻中扮演相同角色的是英国人巴兹尔·霍尔·张伯伦（Basil Hall Chamberlain），在今天看来，佛罗伊斯犹如张伯伦的先驱。张伯伦生于 1850 年，到访日本后定居在此，并成为东京大学的教授。他的著作之一《日本事物志》（*Things Japanese*）出版于 1890 年，是以字典的形式撰写的，在字母 T 的目录下有篇名为《颠倒》（Topsy-Turvydom/le monde du tout-à-l'envers）的文章，阐述了这样的观点："日本人做很多事情的方式正好和欧洲人所认为自然的、适合的方式相反。"

例如，日本的缝衣女工穿针，是将针孔往线上套，而不是用线来穿针孔。而且她们是把布料往针上扎，而不是像我们做的那样，将针刺到布料里。

近期考古发掘中出土了一件陶土制品，证实了早在 6 世纪，日本人就从右侧上马，这与我们的习惯是相反的。时至今日，外国参观者还是会惊讶于日本的细木工匠锯木时，是把工具由外拉向自己的，而不像我们一样是把工具推出去的；而他们也是以同样的方式使用滚刨（一种双柄刨刀）来削平和打薄木料的。在日本，制陶工人是用左脚依顺时针方向推动陶车的，这不同于欧洲和中国的制陶工人，他们是用右脚按逆时针方向来操作的。

耶稣会教士们早已注意到这些习惯，它们不仅使日本与欧洲对立，也在岛国日本与亚洲大陆之间画出了一道分界线。日本文化中的很多元素借鉴自中国，日本借鉴了中国的推式龙锯；但从14世纪起，现场发明的日本拉式锯便取代了中式锯。而16世纪源自中国的推式滚刨，也在一百年后让位给了拉向自己的刨刀类型。

张伯伦已经简要指出了大部分例证。如果他能读到在他死后十一年才被发现的佛罗伊斯的《日欧比较文化》（Traité①），便会从中发现一个有意思的观察报告目录，大多与他的观

① Traité 这里指的是《日欧比较文化》（Européens et japonais : Traité sur les contradictions et différences de mœurs）。——译者注

察相同但内容更为丰富，而且二人的观察都得到相同的结论。

张伯伦和佛罗伊斯可能都未意料到，他们所表达的对于日本的看法与公元前 5 世纪希罗多德对埃及的评价相同。在希罗多德眼中埃及充满神秘色彩。这位古希腊旅人曾这样写道："埃及人在任何事物上的行为都与其他民族相反。"女人从事商业，男人待在家里。纺织的是男人而不是女人；他们从纺织机底部开始纺线，而不像其他国家一样从其顶部开始。女人站着小便，男人则蹲着小便，等等。我不继续一一列举了，这已经阐明了三个作者的一个共同观点。

在他们列举的差异中，我们并不总能发现矛盾。它们通常显得不那么重要：时而只是简单的差别，时而出现在这里而那里却没有。佛罗伊斯并非不了解这一点，所以在他作品的标题中，"矛盾"和"差异"这两个词可以相提并论。然而，较之其他两位作者，我们发现佛罗伊斯更加致力于将所有的对比都放在同一个

框架内。几百个比较，以平行的方式构建，被
简明地列举，它们会让读者有这样的感觉：这
并不只是在指出差异，而且是所有这些对比实
际上都是一种颠倒。对于异国和本国两种文化
的不同习惯，希罗多德、佛罗伊斯和张伯伦抱
有相同的期许：超越相互之间的不理解，坚持
揭示出其中明显的对称关系。

　　但是，这不也是一种认可的方式吗？承认
埃及对于希罗多德，日本对于佛罗伊斯和张伯
伦而言，都拥有一种毫不逊色于他们自己国家
的文明。两种文化间的这种对称，将二者结合
在一起并使其对立。它们看上去既相似又不
同，就像镜子里反映出来的我们自己的对称的
影像，虽然从每个细节上来看都能认出是我们
自己，但又不能完全还原我们自己。当游人说
服自己相信，一些与自身习惯截然相反并可能
因此受到鄙视或唾弃的习惯，实际上与自己的
那些习惯是相同的，只是反过来而已，那么他
们便会设法以此驯服陌生感，使它变得熟悉。

　　虽然在强调埃及人与希腊人的习惯处于一

种对称的颠倒关系，但实际上，希罗多德对待它们是一视同仁的，并间接地阐明了埃及在希腊人心中的地位：一个值得尊敬的古代文明，仍可汲取教诲的秘传知识宝库。

同样，在不同时期的类似情形下，面对着另一种文明，张伯伦和佛罗伊斯都借助于"对称"——但佛罗伊斯并不知情，因为那时还太早，而张伯伦对此是知晓的——向我们提供了一种方式，以便我们更好、更深入地理解为什么在 19 世纪中叶前后，西方会从日本带来的审美和诗学的感性形式中，感觉到重新发现了自我。

天钿女命的猥亵之舞

天钿女命①的猥亵之舞，与歌赞德
墨忒尔（Déméter）②的荷马颂歌中的伊
安贝（Iambè）之舞，以及亚历山大里亚
的克莱门③（Clément d'Alexandrie）所

---

① 天钿女命，日本神话中善于舞蹈的女神。天照大神躲
进天岩户，世界陷入一片漆黑。天钿女命跳了一段舞，因为跳
得太卖力，以至于衣服松开半裸着身体，众神看了哄堂大笑。
天照大神被引出，大地才重现光明。——译者注

② 德墨忒尔是希腊神话中司掌农业、谷物和母性之爱的
地母神。——译者注

③ 亚历山大里亚的克莱门（150—215），亚历山大里亚学
派的代表人物，基督教神学家。——译者注

说的包菠（Baubô）之舞，其中的相似之处众所周知，所以我不再赘述。但我们很快注意到，有一本古埃及的小说其中也存在着同样的相似之处，这本书大约在 1930 年被翻译并出版。如此惊人的相似，让当时的一位东方学学者伊希多·李维（Isidore Lévy）认为它是这则日本传说的遥远起源。

本次研讨会中，这本埃及小说具有特别的重要性，因为猴神在其中扮演了重要角色。我将从这个角度对它进行研究，尽管这部小说与《古事记》和《日本书纪》之间存在着巨大的时间间隔。实际上，这本埃及小说被人们得知要追溯到公元前 20 世纪末的一份纸莎草纸文稿，而专家们认为其首次创作时间可上溯到公元前 19 世纪的中王国时期。

小说的开端描写的便是众神在法庭的集会，他们在伟大的天神奥西里斯（Osiris）的两个继承人选中无法作出抉择：一个是荷鲁斯（Horus），奥西里斯的小儿子，受其母亲伊西斯（Isis）的大力支持；另一个是赛特

(Seth)，荷鲁斯的舅舅。太阳神拉-哈拉克提
（Pré-Harakhti）主持法庭，他不顾更有利于
荷鲁斯的舆论，而偏向支持赛特，但猴神巴
巴（Baba）对此提出了反对意见，令其十分
不快。被冒犯的拉-哈拉克提回到自己的小
屋，终日卧床，伤心不已。过了很久，他的
女儿哈托儿（Hathor）突然到来，撩起裙子，
露出生殖器，太阳神看到后哈哈大笑，遂又
起身重返法庭。

　　这个故事与日本的神话故事存在惊人的相
似，不仅是因为两个故事中被冒犯的天神都是
太阳神，还因为它们都赋予了欢笑决定性的功
能（无论是女神自己的笑、舞者的笑，还是观
众的笑）。希罗多德（Ⅱ，106，102）肯定自
己曾见过象征女性生殖器官的古迹，那是法老
塞索斯特里斯三世（Sésostris Ⅲ）为了嘲讽被
他战胜的敌人而让人在叙利亚和巴勒斯坦建造
的雕像，其年代与小说首次创作的年代大致相
符。希罗多德（Ⅱ，60）还曾讲述在他那个年
代（即1 500年之后），人们乘船去参加布巴斯

提斯（Boubastis）的盛会，每当他们经过一个城市靠近河岸时，女乘客就会站起身掀起裙子，以此戏弄城里的女人们。由此看来，女性裸露癖的滑稽寓意似乎一直都是埃及文明的一个特点。

埃及的一个猴神所扮演的角色与日本的素盏鸣尊一样，都是得罪太阳神、造成其隐退的始作俑者，这促使我们自问猿猴在古埃及的内涵意义。古埃及人认为，有一种神秘的感应将猿猴和天体运动联系在一起。猿猴与最靠近太阳的水星之间有一种特殊的共鸣。每日清晨，都是狒狒第一时间全体吼叫迎接太阳的升起。人们认为狒狒在春分、秋分时大量地排尿，并觉得它们是月相出现阴晴圆缺变化的原因：满月时喜悦，新月时哀伤。在印度，人们也认为猿猴与天文或气象之间存在着一种紧密的联系：哈努曼①是风神之子。人们在中美洲的玛

① 哈努曼（Hanuman），印度史诗《罗摩衍那》的神猴，是风神伐由（Vāyu）和母猴安阇那（Añjana）之子，拥有四张脸和八只手。——译者注

雅人中（他们认为古人是由风将猿猴转化而成的）和南美洲也发现了同样的关系。

众多假说中有一则假说认为，日本神祇猿田彦①名字中的"猿"字有猿猴之意。然而，这位神祇也在天界与地界之间扮演着中间人的角色。猿田彦长相骇人（像哈努曼一样），他本可以为众神降临设置障碍，但是天钿女命的欢笑和第二支舞使他很愉快，于是他决定将众神引向东方。

值得注意的是，猿猴也被中世纪欧洲的肖像学赋予了双重功能：首先是纵向的然后是横向的。这种动物的拉丁文名字最经常使用其阴性形式（simia），而在日本神话里，如果可以这样说的话，猿田彦和天钿女命所构成的阴阳对称，体现了猴子般的本质。艺术历史学家们认为，猿猴或雌猴在天神报喜图中最初谜一般地现身，可能是在将第一个夏娃（原罪的夏娃）与新的夏娃（处女玛利亚）作比较，也可

_____

① 猿田彦，古日本神祇之一，因曾于天之八衢迎接天孙降临而被视为旅途之神。——译者注

能意味着《旧约》向《新约》的过渡。在中世纪的肖像学中，猿猴可能是人类堕落的象征，而在日本，却有着积极的价值，与天神的降临有关。猿猴的角色在这两个例子中都是过渡性的，日本的猿田彦与道路之神庚申的相似性，也印证了这一点。

老乞妇

在素盏鸣尊被逐出天界的故事之后，即是通常所称的"出云篇"，《古事记》将一段名为"因幡之白兔"的故事引入其中，而对于这一情节的诠释让评论家们感到十分困惑。我们知道，它是复制了一则在印度以及一直到西里伯斯岛都广为流传的故事（克劳斯·安东尼列举了这个故事的各种版本），其中的受害者也是一只鳄鱼。

的确有人怀疑过日文中"wani"（鳄）这个词是否指的就是鳄鱼，以前的日本人不认识这种动物，因为他们的国家没有这种动物。但是他们就不能以间接的方式认识这种动物吗？

古代中国把鳄鱼视为鼓与音乐和声的发明者。①
这种信仰至少还潜在地在缅甸延续着，在那里
传统的弯琴便是鳄鱼形。在日本，"鳄"这个
词与某些木质或金属锣的名字组合在一起，也
说明日本通过其神话形式认识了鳄鱼。

我本人在北美洲和南美洲也发现了一些与
"因幡之白兔"十分相似的神话故事。鉴于这
种广泛的传播，这个故事会在日本出现便不足
为奇了。然而我们依旧感到惊讶的是，这样一
个出自东南亚、关于两只动物之间纠纷的，并
且很显然是为了取悦听众而作的小故事，竟然
会在宏伟的神话中占有一席之地。

值得注意的是，埃及小说里也有相同类型
的情节，而且在埃及小说中这段情节也是紧跟
在太阳神因受到另一个神祇（猴神巴巴，他的
角色同素盏鸣尊）的冒犯而退隐，而后又出来

---

① 夔，即鳄鱼，是远古神话传说中的雷神和音乐之神。
《山海经·海经新释卷九》说它是一种神兽，因常用尾自鼓腹部
而产生音乐，被奉为雷神和音乐之神。黄帝得夔后，便用其皮
制成了鼓。——译者注

的故事之后。情节如下：

> 赛特对伊西斯袒护其子荷鲁斯的行为
> 感到不满，他要求在伊西斯不在场的情况
> 下进行判决。法庭同意了他的请求，将判
> 决转移到中土之岛（île de Milieu）进行，
> 并命令名为安提（Anti）的摆渡者不要让
> 任何女人上船。但伊西斯化身为穷苦的老
> 妇，说服摆渡者说禁令不适用于她，并用
> 一枚金戒指买通了摆渡者。到达岛上后，
> 她又变身为一个年轻美貌的少女，迷住了
> 赛特，并用巧妙的手段让赛特承认了自己
> 不正当的意图。

因此，这里再一次涉及了一个被欺骗的摆
渡者的故事，但这次不是鳄鱼，而是安提
（Anti），意为"利爪"，以隼的形象为代表。
而鳄鱼仍然出现在了故事背景中：赛特与伊西
斯和荷鲁斯对战的城市（这又把我们带回刚才
的故事）是根据安提命名的，普鲁塔克（Plu-
tarque）曾叙述有人在这个城市看到过一位老
妇人和一只鳄鱼睡在一起（*De sollertia ani-*

malium，XXIII，9）。

这个城市的名称在古埃及象形文字中读作"鞋履之城"，因为安提（Antée＝Anti）曾失去位于尼罗河对岸的爱夫罗底托坡里城（Aphroditopolis，又被称为"双履之城"）。人们认为失去鞋子，与安提因载送伊西斯而受到惩罚密不可分：文字记载他被剁掉了"双脚前面的部分"，这一惩罚奇怪地与素盏鸣尊所受到的惩罚相似，他是被拔去了手脚的指甲。

这本埃及小说设置了摆渡者这一情节，使得研究古希腊的学者让·雨伯（Jean Hubaux）将它归入了一个更广泛的类别中，也就是另外两个希腊著名的故事。第一个故事讲的是，有一位女神——赫拉（Héra）或者阿弗洛狄忒（Aphrodite）化身为老乞妇来验证摆渡者的善心，为了感谢摆渡者无偿运送其过河，女神奖励给摆渡者青春与美貌；第二个故事是关于伊阿宋（Jason）[①]的，他让摆渡者丢失了一只鞋

---

① 伊阿宋，希腊神话中夺取金羊毛的主要英雄。——译者注

子（这使得伊阿宋夺取了金羊毛，因为故事很长，这里不再详述）。相反，安提却禁止他的城市拥有黄金，因为他曾因收受这种金属戒指的贿赂而遭到惩罚，失去了脚的一部分。在希腊与埃及的故事、埃及与日本的故事之间，我们隐约地发现了类比、交叉、对称或颠倒的关系。能否就此推断出这些传说彼此间有所联系，并相互影响？我们必须更加谨慎地认真思考这些问题。

首先，不要忘记，《古事记》和埃及小说相隔将近三千年之久。比较文学研究者们总是试图跨越数千年，将结尾和开头连接在一起，就像在这漫长的时间间隔中什么都没发生过一样，其实只是因为我们对其一无所知。但是我们绝对不能就此认为在我们所不了解的数千年中，没有像其他时期一样充满着各种动荡、突变及事件。因此我们要避免预先假定在时间和空间上相距很远的作品之间有传承或仿效的关系，当然，除非我们能够对其分别提出证据。

其次，《古事记》和埃及小说都不是神话，

而是文学创作，二者皆出自某位已知或未知的作者，运用神话题材，以自己的方式组织材料创作而成。这些作品具有不同的甚至是相对立的特点：一个是充满超自然现象的史诗般的故事，为王朝意图服务；另一个是充满幽默的故事，用嘲讽诸神来取悦大众。

但两者仍然在一些主题上有着神秘的呼应。它们或许属于同一个远古神话的层面，但这并不意味着我们可以根据它们的这些表现就建立起系谱关系。动物界的这种现代系统分类学，我们称之为支序分类学（cladisme），使我们学会区别原始特征和衍生特征。我们不能从两个物种所表现出来的共同的原始特征，就推断出它们具有相近的亲缘关系。比如，不能因为都具有五指，就说人类与乌龟和蜥蜴相近。这可能是所有陆生脊椎动物共同的原始特征。只是有些物种依然保留着原始特征，而其他物种已经失去。就如马，尽管它只有一根指头，但与两栖类或爬行类动物相比，人类与马更相近。

如果我们把这种区分转移到神话学中，就

可以说神话学的原始特征是一些具有形式本质的精神活动。在这种情况下，只要神话思想能够构建出纵向思维，就像太阳由东到西的路线，那么便可以经反转引发出横向思维，如同摆渡者从河流的一岸到对岸，或从海峡的一岸到对岸。

而其他概念上的反转随着最初的反转发生，进而丰富了整个图表。由此，天际不连贯的纵向思维，引起地面上已建立或重新建立起来的纵向思维。让我们再进一步展开思考：如果天上的第一个纵向路线被阻断，而之后地上的第二个纵向路线的连续性则相反地被确保（我们意识到，这就是素盏鸣尊和猿田彦在日本各自扮演的角色），那么水面上的横向路线就不应该被生硬地阻断，但也不会被无偿提供，而是——经由中介——通过交易、诡计或欺骗才能实现。因此，单纯地只是逻辑的必然性便可以解释，为何在其他所有方面都相去甚远的两本书中，摆渡者这一主题会与受到冒犯的太阳神这一主题同时出现。

埃及人赛特和素盏鸣尊

可以说这些原始特征无处不在，但也不会总被表现出来。《古事记》完美地将它所能运用的神话题材组织在一起，当欧洲出现其最早的译本时，一些学者甚至毫不犹豫地认为那是过去我们全人类所共有的伟大原始神话最真实的写照，德国人称之为"Urmythus"（即神话原始）。而事实上，《古事记》的作者清楚地认识到，横向路线的图像必须在转换图表上占有一席之地。为了填补这个空格，他使用了手中的素材：一则动物小故事，这是用神话思想的操作方式来对作品稍加修改的一个很好的例子。作为博学之士而非诗人，《日本书纪》的撰写者们没有感受到相同的需求，或者他们对"因幡之白兔"持有批判的态度，因此忽略或者刻意排除了这个故事。

《古事记》中的这一章节与起源于东南亚的故事，由支序分类学所定义的衍生特征联系在一起——这一特征属于它们自己，使它们与其他表面相似的形式相区别，并使其亲缘关系建立在一个真实的基础之上——我将试着简短地对此加以说明。

理论上有两种方式提供给想要过河或穿越海峡的人：一种是动的方式，即摆渡者；另一种是不动的方式，也就是桥。神话通常在这两种方式中做选择。比如在美洲，受骗的动物可以代替桥，即涉水的禽类，而非鳄鱼；或者代替摆渡者，那么便是鳄鱼（美洲钝吻鳄或凯门鳄），而不是一只鸟。然而，日本和南亚版本有一个可以将其与所有其他版本区分开来的共同特点，即综合了这两种方式。用多个摆渡者取代原本唯一的摆渡者，因此鳄鱼变成了桥。

同样，《日本书纪》中身材巨大、面目狰狞、能力超群的猿田彦，只有印度猴神哈努曼与之相似，也只有这些能够让人确认它们之间真正的亲缘关系。

因此，我们要当心一些过远的比较。某些相似性反映出来的并不是历史的或史前的关系，而是我们称之为神话思想的基础结构。它们在这儿或那儿的出现，并不意味着系谱关系就存在于它们的这种或那种表现中，只能说明它们有时会以整体或碎片的形式在表面显露出来。它们也可以不被表现出来，或者某些只是已经消失了。所以，我认为应该从这一角度考虑埃及小说和日本神话故事之间的相似性。

相似性的问题我们必须谨慎对待，而差异性却可以丰富我们的思考。从一部作品到另一部作品，人物相互呼应，在同一功能上可以对调。埃及的赛特和日本的素盏鸣尊在扮演狂躁且可怕的神灵角色上，可以互相取代。这个神灵被称为暴雨之神，在天上伴随太阳神左右，被逐出神界后便来到了凡间或地下世界。他让天钿女命重建或者说打通了方向相反的两条道路，首先在天上，然后在地上。在埃及小说中，哈托儿也使用了与日本女神相同的方法，来建立一条唯一但却模棱两可的路线，即象征性的天上路线，但就故事的字面表达来看则是地面路线。完成阻隔天上路线这一任务的，在日本是素盏鸣尊，在埃及则是猴神。然而在日本，埃及猴神的对应者（猿田彦）所发挥的功能刚好是相反的，这便促使我们进一步去研究

日本最古老神殿中两个可怕的神祇素盏鸣尊和
猿田彦之间可能存在的关系。

本章参考书目

ANTONI, Klaus J., *Der weisse Hase von Inaba. Vom
Mythos zum Märchen* (*Münchener ostasiatische Stu-
dien*, vol. 28), Wiesbaden, Franz Steiner Verlag,
1982.

GARDINER, Alan H., *The Library of Chester Beatty.
Description of a Hieratic Papyrus with a Mytholo-
gical Story, Love-Songs and Other Miscellaneous
Texts* (*The Chester Beatty Papyri*, n° I), Londres,
1931.

HUBAUX, Jean, « La Déesse et le Passeur d'eau »,
*Mélanges offerts à M. Octave Navarre par ses
élèves et ses amis*, Toulouse, Édouard Privat,
1935.

JANSON, Horst Woldemar, *Apes and Ape Lore in
the Middle Ages and the Renaissance* (*Studies of
the Warburg Institute*, vol. 20), Londres, 1935.

LEFEBVRE, Gustave, *Romans et Contes égyptiens de
l'époque pharaonique*, Paris, Adrien Maison-
neuve, 1949.

LÉVY, Isidore, « Autour d'un roman mythologique
égyptien », *Annuaire de l'Institut de philologie et
d'histoire orientales et slaves*, n° 4, 1936.

不为人知的东京①

在本书首次出版时，我还未到访过日本。1977 年至 1988 年间，拜众多机构所赐，我得以五次造访日本，本人再次表达对这些机构的感谢：日本基金会、三得利基金会、日本生产力中心、石坂基金会，还有国际日本文化研究中心（Nichibunken 日文研）。

---

① 《忧郁的热带》日文版最后一版序言（*Tristes Tropiques*，2001，pp. 268 - 269）。

日本基金会用了六周的时间带我领略了这个国家不同的面貌，继东京、大阪、京都、奈良、伊势后，在我杰出的日本同事吉田祯吴和福井滕义教授的带领下，我还去了能登半岛和日本海上的隐岐诸岛。在三得利基金会的帮助下，我得以了解濑户内海与四国岛。早在1983年，吉田祯吴教授就力邀我与他共同前往琉球群岛的伊平屋岛、伊是名岛和久高岛，参与他的民族学调查，尽上我的绵薄之力。三年后，在另一次逗留日本之际，我曾想造访九州。如若没有渡边靖女士自初次旅程起就成为我无与伦比的向导和翻译，那次为期一周多的旅行便难以成行。

对川田顺造教授，我感激不尽（从他对本书的翻译开始）。他在1986年又带我见识到了一个不为大多数外国人所知的东京，我们沿着隅田川，乘坐传统河船逆流而上，在蜿蜒曲折的河道中，纵横交错地穿越城市的东西两边。

在最初几次访问期间，我在巴黎的研究室计划研究各种各样的社会在不同的时期，以及在各个阶层中，对于"劳动"这一概念是如何理解的。因此，我表达了希望我的旅程以此展开的愿望，希望能让我接触到城市或乡村的工匠，即使是在偏远的地区。尽管我对奈良的博物馆和神庙，以及伊势神宫保存着难以磨灭的记忆，但是我的大部分时间还是用于接触各类工匠：织布工、染匠、和服画师（我的夫人，身为纺织艺术专家，对此也颇感兴趣），还有陶瓷工匠、锻工、车木工、金箔师、漆匠、木匠、渔夫、清酒师、厨师、糕点师，以及木偶艺人和传统乐师。

关于日本人对劳动的理解，我获得了很多珍贵的信息：不像在西方，"劳动"被视为人对无活动力的材料所做的行为；在日本它被视为人与自然之间亲密关系的一种体现。在另一个方面，某些能剧将朴实无华的家务劳动表现得很体面，并赋予其一种诗意（poétique）的价值（使这个词的希腊语词源与其艺术含义达成一致）。

在到达日本之前，关于日本人与自然的关

系我想得有点过于理想化了，之后的实际情况让我感到有些意外。在日本旅行期间，我发现在西方人眼中，通过美妙的花园，对樱花的热爱、花艺甚至是料理所表现出来的你们对于自然之美的崇拜可以与对自然环境的一种极端粗暴相将就。对于我这种仍然是依据北斋的精美画册《隅田川两岸一览》来想象隅田川的人来说，之前我提到过的溯隅田川而上是种震撼。确实，一个通过古画来了解巴黎的外国游客，在看到今日的塞纳河两岸时，也会有相同的反应，尽管反差可能没那么大，过去和现在之间的过渡也没有那么突兀（然而，和我之前听说过的相反，我觉得现代东京并不丑陋。各种建筑不规则的排列，给人以多样化和自由的印象；不同于西方的城市，沿着马路和街道单调地排列房屋，让行人行走在两堵高墙之间）。

此外，可能由于人与自然之间缺少一种明显的区分，所以日本人给予自己一种权利（比如对于捕鲸来说，日本人有时会依靠一个反常的推理）：有时让自然优先，有时让人类优先，必要时也会为了人类的需要而牺牲自然。自然和日本人难道不是连成一体的吗？

我由此见到了对这种"双重标准"的特殊解释，我的日本同事告诉我这就是了解日本历史的关键。就某种意义而言，甚至可以说面对我们这个时代的首要问题——在一个世纪内世界人口从不到 20 亿变成 60 亿——日本为自己找到了一个独特的解决方法，在日本的土地上并存着两种情况：沿海地区人口十分稠密，城市连绵不绝；而内陆山地人迹罕至。这同时也是两种精神世界的对立：一个是科学、工业与商业的世界，另一个是依然顺从远古信仰的世界。

这个"双重标准"也有时间向度。一种惊人的快速发展，使得日本仅用几十年的时间就达到了西方历经数个世纪才达到的水平。正因如此，日本才能够在现代化的同时，与其精神根源保持紧密的联系。

我把职业生活中的大部分时间奉献给了神话研究，并证明了这种思维模式在何种范围内依然是合理的。因此，我能够深刻地感受到神话在日本所保有的生命力。没有什么能比琉球群岛的小树林、岩石、洞穴和天然水井，以及被视为神迹的泉水，更让我感到与遥远的过去如此接近。在久高岛，人们指给我们神灵降临的地方，他们带来了五类种子，由此耕种出最初的田地。对于岛上的居民来说，这些事件并不是发生在神话时期，而是发生在昨天、今天甚至是明天，因为曾降临到这块土地上的神灵每年都会回来，而且遍布岛屿的仪式和神迹，都见证着神灵们真实地出现过。

也许因为日本有记载的历史相对起步较晚，所以日本人便自然地将历史扎根在了神话中。我在九州确认了这一点，根据文字记载，九州是日本最古老的神话的舞台。在这个时期，历史真实性的问题并不存在：两个遗址可以毫无顾忌地争抢天神琼琼杵尊下凡之地的荣誉。矗立着日照大神，即大日孁贵女神神庙之地的庄严雄伟让人们相信她隐退到洞穴里的神话故事，洞穴是如此神圣，让人不敢靠近，只能遥望。只要数一数承载来此朝圣的访客的车辆，就会相信那些伟大的创始神话和被传统赋予了神话内涵的宏伟壮丽的风景名胜，在传说时期和当代感受之间保持着一种真实的连续性。

近半个世纪前，在写《忧郁的热带》时，我曾经对人类面对的两大危险表达了我的忧虑：一是人类对其根源的遗忘，二是人类因其自身数量而导致的毁灭。在对过去的坚持与科学技术所带来的变化之间，日本也许是到目前为止所有国家中唯一一个知道如何找到平衡的国家。能够做到这一点，首先，也许有赖于日本以维新的方式而不是像法国一样通过革命的方式进入现代。因此，日本的传统价值才得以保持，而免于瓦解。同时也归功于长期以来不受约束的人民，没有像西方文明一样，受到批判精神与系统精神矛盾的泛滥的侵蚀。直到今天，外国游客依然钦佩日本人每人都尽力做好自己分内事的积极性，与他们自己国家的社会和道德环境相比，这种美好、愉快的意愿，在他们看来，就是日本人民最重要的美德。希望他们能够在过去的传统和现代的创新之间永远保持这种珍贵的平衡；不仅仅是为了其自身的利益，也是为了全人类能够从中找到值得深思的范例。

与川田顺造的谈话①

1993 年，克洛德·列维-斯特劳斯
接受了川田顺造为日本国家电视台
（NHK）所做的专访。第一部分主要关
于美洲人类学，第二部分是关于日本的
谈话。这里收录了第二部分的录音稿，
保留了断断续续的对话的语气，对这种
谈话中特有的重复啰唆和口语表达，并
没有特别加以删改。

---

① 川田顺造 1993 年在巴黎为日本国家电视台（NHK）所
做的访谈。

克洛德·列维-斯特劳斯：我的父亲，就像他那一辈所有的艺术家一样，喜爱日本版画。他曾把日本版画当作礼物送给我。六岁时，我收到了第一幅版画，并立即为此着迷。在我的整个童年时期，我在学校获得好成绩的奖励，都是我父亲从他的箱子里拿出来的版画。

川田顺造：您最喜欢的浮世绘画家是哪几位？

克洛德·列维-斯特劳斯：我特别欣赏古代也就是汉文时期的画家，或者再晚些的怀月堂安度①、菱川师宣②，还有其他几位，但这些都是在博物馆里看到的，也只能在博物馆里

---

① 怀月堂安度，原名冈泽安度，浮世绘画家。其以手绘美人画形成浮世绘的新格调，其画中美人姿态优美，线条富有韵律，人称"怀月堂美人"。——译者注

② 菱川师宣，被称为"浮世绘的创始人"，江户时代著名的浮世绘画家。他最喜欢的手卷和屏风的题材包括花草，夏日河畔享受傍晚和风的人群，以及正在演奏的人们。——译者注

看到！我对常常被视为颓废派的歌川国芳的艺术非常感兴趣——人们是这么称呼他的，但是我认为他的艺术作品表达了一种奇妙的创新和暴力。他的一部作品有一段时间非常吸引我，就是他青年时期的版画，即在 1830 年左右为《水浒传》的译本所作的插画。当时，是曲亭马琴①将这本小说从中文翻译过来的。这些版画不仅很美，而且从民族学的角度来看，我也觉得它们很有趣，因为它们很好地展示出了 19 世纪的日本人对于古代中国的观感。

但是这些是完全不同的东西：那是民间艺术的鼎盛时期，处于"鲶绘"②的时代，也就是说 1855 年安政时期的大地震使一种古老的神话重现，也许今天日本某些阶层的人们会对此有些反感。因为，例如我们会见到某个富人被强迫散出自己的财富，而大地震就是"yo-naoshi"，即"社会革新"，使穷人获得了富人的财富。

---

① 曲亭马琴，日本江户时代的作家。——译者注
② 鲶绘，浮世绘的一种。——译者注

　　您知道，很奇怪的是，这种看似完全地区化和怪异的象征，也存在于我们的中世纪。比如 12 世纪时，当人们选出新的教皇——这在某种意义上就是一种"yonaoshi"即社会革新——时，新教皇必须在教堂前，坐在一把有洞的椅子上——这把椅子被称为"chaire ster-coraire"，也就是"粪椅"——在人们吟唱《圣经》中的圣诗时，从那里散出财富："……让穷人变成富人。"也就是说，这与我们在鲶绘中所看到的是完全一样的象征。这便引发我们去思考，在人类的思想中，在极为不同的环境下同时存在着的最根本的东西是什么。

　　在日本，鲶鱼是地震的元凶；而在美洲或者说至少在美洲的某些地区，则是属于鲉科的鱼。然而，在日本鲉科的鱼类代表是用来祭拜山神的虎鱼。显然，就某种意义来说，山与地震有关，因而在日本属于鲶鱼的，在美洲就属于虎鱼。

　　此外，在美洲，鲶鱼还被认为是疾病的根源。"namazu"（鲶）这个字，如果我没搞错的话，那么同一个字既指鱼类，也指一种皮肤病。鲶鱼被认为是引发这种皮肤病的原因，同时又是治疗方法。因此对于鲶鱼来说，在美洲有个相当模糊的领域，比在日本的更为晦涩，但值得探索。对于研究美洲文化的学者来说，所有这些都非常值得关注。

川田顺造：您对日本的喜爱——即使不总是有意识的——是从童年时期就开始的，还是后来又对日本产生了新的人类学方面的兴趣？

克洛德·列维-斯特劳斯：我不会说那种兴趣是延续的。因为在巴西期间，我完全为美洲的东西所占满，再不会过多地想起日本。然而就在战争期间，在美国，当我看到博物馆里的那些物品时，我对日本又重新产生了浓厚的兴趣。但我压根就没想到我会去日本，这是我从未有过的想法。之后 1977 年我受到了日本基金会的盛情邀请，这几乎就像是一记惊雷。然后我对自己说："我终于要去看看我这辈子断断续续痴念着的日本了。"

　　川田顺造：在这次邀请之前，您就已经对日本产生了兴趣……

　　克洛德·列维-斯特劳斯：是人类学上的兴趣，但是可能没有像在日本待过几次之后，变得那么特别。

　　川田顺造：巴西的南比夸拉族（Nambik-wara）或卡都维欧族（Caduveo）和我们日本人都是同一远祖的后代。在这两个不同的地理和文化区域之间，您感受到了什么样的连续性或间断性？

　　克洛德·列维-斯特劳斯：我们都有着相同的祖先，当然！可以肯定的是，当我们看到日本时，特别是在民间文学和神话中，我们认出一些可以让研究美洲文化的学者想起某些东西的呼应。只是必须注意，因为这不仅仅是存在于日本和美洲的情况，这是三方作用下的一部分。因为，我们在美洲发现的属于日本的东西，或者在日本发现的属于美洲的东西，我们在印尼群岛也见到过，特别是在苏拉威岛（îles Célèbes）。因此，这是一种三角关系，如果我可以这样说的话，在你们的作品中，你们喜爱文化的三角关系。而我们不能忘记，在一万五千年或两万年前，日本曾是亚洲大陆的一部分，同样，印尼群岛与亚洲大陆相连。因此，在数千年间，我们看到了人口的迁移、思想的交流，还有共同的遗迹建筑，我们在美洲、日本和印尼群岛都找到了遗迹的碎片。

川田顺造：1977 年，您对日本的第一印象是怎样的？1993 年的今天，在您对我国有了更多的经验和研究之后，您认为那个第一印象是贴切的吗？

克洛德·列维-斯特劳斯：在上次的谈话中，您曾向我提出过有关巴西的同样的问题。

我对您这样说过："在涉及新世界时，首先一
点，第一印象就是自然。"对于日本来讲，我
会对您说：　"第一印象，最强烈的印象，是
人。"这是十分说明问题的，因为美洲是人口
稀少的大陆，但是自然资源丰富，而日本自然
资源贫乏，相反却人口众多。感觉是面对着一
种……我不会说是不同的人文，这与我的看法
相去甚远，而是一种不像古老世界的人文，没
有受到革命和战争的压迫与消耗的人文，这种
人文给人的感觉是人们总是不受约束的，无论
他们的社会地位多么卑微，他们都拥有一种要
对全社会尽职的责任感，并愉快自在地投入其
中。我想你们在 18 世纪有位哲学家石田梅岩，
如果我没记错，他是石门心学运动的创始人，
他所强调的就是这一精神层面。我觉得这可以
从法语和日语中表达"是"的不同方式来看出
一些征兆。我们说"oui"，你们说"hai"。我
总感觉——但也许是完全错误的印象或是随
意、相反的印象——"hai"比"oui"里面包
含着更多的东西。"Oui"是一种被动的接受，

而"hai"则包含一种对交谈者的感情。

　　川田顺造：实际上，关于这一点，需要稍加说明。"hai"这个应答语原本是萨摩的方言，那是个军事藩省，曾经与长州一起打败了德川的军队，并推行明治维新。这两个藩省在之后的半个世纪共享国家的权力。那时，小学就像在军队里一样，要求全体一致地回答"hai"来表示服从，然而在其他地区，包括京都与江户，用来表示肯定回答的传统词汇是"hee""hei""ee"和"nda"等等。对于我们这一代，经历过 1945 年以前旧日本极端军国主义政权的人来说，"hai"这个词会让人联想到对上级无条件服从的精神。然而，这对于您刚才所说的关于石田梅岩思想的话丝毫没有影响。

　　克洛德·列维-斯特劳斯：再回来谈谈日本的自然之美。我有很多话要说，因为，我们抵达日本——大概是在成田和东京之间，因为

左右都是一小片一小片的自然美景——便发现
了一个更加多彩的自然。而且看起来这种美景
被组织得更好，也许是因为欧洲的植被基本上
都是不规则的——波德莱尔就曾以"不规则的
植被"这种说法来定义它——正因为这些不规
则的因素，所以我们试图在园林中创造一种规
则。然而日本自然美景的元素是非常规则的：
杉木、岩石、稻田、竹林、茶树，所有这一切
从一开始就带来一种规则的元素，可以说，你
们用这些元素创造出了一种有秩序的规则性，
一种更高层次的规则性：第二个级别的规
则性。

川田顺造： 1986 年，当您乘船在东京的
运河中漫游，还有我们上到佃岛散步时，您曾
对列维-斯特劳斯夫人说您很想住在这个朴实
的市井之地。这一地方的哪一点吸引了您呢？

克洛德·列维-斯特劳斯： 佃岛带给我的
是一种震撼。因为那些绿荫环绕的小木屋，身

穿工作服却给人以穿着古代服装印象的渔夫，还有我们乘坐的小船，所有这一切一下子就让我想起了葛饰北斋和他精美的绘本《隅田川两岸一览》，或者说，想起了也许曾是文明最伟大的成就之一，如威尼斯——您在东京向我展示了一个我意想不到的威尼斯。所有这些都深深地打动了一个只是通过古画来了解日本的人。所以您问我是否在其他地方也见过如此的景致？

我跟您说，当我到日本时，许多日本人都对我说："一定不要被东京吓到，东京是个丑陋的城市。"然而，在现代东京我完全没有这种感觉，因为我感到像是从某种我完全想象不到的东西中解脱出来了一样，那就是街道！在我们的文明中，街道是如此受限，房屋一个连着一个；而在东京，建筑物的设立有着更多的自由，可以说确实给人一种多样化的印象。

然后，特别是当我们步行远离那些满是高架高速路的街道——这确实是噩梦，不需要掩饰——而钻进左右两边的小巷子，深入那些小街区时，真的会让人联想到另一个时代的城市。总之，对于巴黎人来说，这些街区代表着一种极致的奢华，因为在巴黎，再也不可能住在一个位于市中心又被小花园环绕着的独栋小屋里了。而在东京，在某种程度上，这还是可能的，但是或许过不了太久，我担心在东京这里也难以实现了。

川田顺造：您不仅对精神层面，还对美食怀有强烈的好奇心。您能否以自身经验评论一下日本料理？

克洛德·列维-斯特劳斯：如您所知，我对日本料理一见钟情。然而，对我来说，里面有很多新奇的东西。当然，与巴西的印第安人在一起时，我吃过活的虫子——生吃，是的！——但是我从来没吃过生鱼，对于刺身我完全不懂……

川田顺造：啊，是的，生鲤鱼。

　　克洛德·列维-斯特劳斯：是的，是的，还有其他鱼类。让我一下子便爱上日本料理的原因，同时也是浮世绘和通常所谓的大和艺术吸引我的原因，就是让颜色保持纯粹的状态，以及对图案和颜色加以区分的用心：将元素进行某种分解，而我们的料理和绘画却在尝试将其进行一个整体的综合。

　　这种保留纯粹状态下的单一味道的方式，让享用者自己用心组织他想要的味道层次，我认为这十分有吸引力。此外，我必须说，自从我去过日本，我就只吃日式烹饪的米饭。多亏了您的礼物，我欣喜地重温了米饭搭配烧烤海苔的味道，这种海苔味道就像普鲁斯特的玛德琳娜蛋糕一样，能够让我联想到日本。

　　川田顺造：据一个流传在喜欢日本的外国人中的传说所讲，日本人拥有与自然和谐相处的智慧。然而，在与原始自然的实际关系中，日本人没有完善的规划。他们把野地闲置在一边，这些野地大约占了日本三分之二的面积。

日本人称之为"yama"，书面意思是"山"，但暗含的意思就是"荒野之地"。

对环境的污染和破坏在日本与日俱增，就像您所看到的那样，也许比上一次您 1988 年到访日本之后更是急剧加速。相较日本人传统的自然观念，它通常是从一种理想而非现实的角度被构想的，您如何看待目前日本人与自然关系的现状？

克洛德·列维-斯特劳斯：您说得完全正确。我们对此有一种错误的观念。在日本各地旅游时，在内地、四国、九州，除了有许多美好的印象之外，日本对待自然的粗暴也让我感到很难过。但同时，也应该向日本致敬，正如您所说，三分之二的日本还是无人居住的自然区域。很少有国家能够实现如此的成就，创造出一个惊人的并尊重其大部分国土的城市文明。

但是，西方人的错觉，我认为是来自日本人向西方表现出了能够利用自然作为原料而创造出一种纯自然元素的艺术。日本的插花艺术便是如此，日式庭园也是这样。我愿意这样说，我们所见到的日本寻常的自然，相较于我们的自然，已经是某种园艺了。而你们的园艺则代表着更高层次的园艺。我在九州游览知览小镇时，就有了这种非常深刻的印象。

川田顺造：知览，是的……

克洛德·列维-斯特劳斯：它几乎依然保持完好。我们在那儿还能找到古代地方大名①的武士所居住的宅邸，每一处都有一栋非常漂亮的房屋和一个小庭院。那是一种非常奢华、考究的小庭院，而且每家的庭院都不一样；就像每家主人都有着自己的个性，想要用自然元素创造出一件与其邻居都不同的独特作品，如同一位伟大画家的作品与其他画家的作品都不一样。

这就是在西方我们所知的对自然的热爱。

① 大名，日本封建时代对领主的称呼。——译者注

现实应该更为复杂。

川田顺造：在您的人类学研究中，您很看重"野性"。您能否简要地告诉我们，就日本文化现状而言，为何保有"野性"是重要的？

克洛德·列维-斯特劳斯：我没有那么看重"野性"。我想说明的是，"野性"仍存留在我们所有人中。因为它一直出现在我们身上，所以当它在我们自身之外出现时，我们便错误地轻视了它。

我想，对于所有文明来说都是这样的。但是，作为一名人类学家，我非常欣赏日本的一种能力：在最现代化的表象中，能够感受到与其最古老过去的相互联系。然而我们其他人呢，我们清楚地知道我们的"根源"，但是我们很难与其相连。有一道我们难以逾越的鸿沟。我们在鸿沟的另一边观望着自己的根源。而在日本，有一种延续性或者可以说是一种联系，也许它不是永恒的，但今天它依旧存在着。

川田顺造：就像您曾写过的那样，日本在很多领域呈现出一个与法国"相反的世界"。特别是在您所感兴趣的手工劳动上，我们从中发现了很多典型例子。但是为了阐明这些习惯上的差异的原因，也许应该考虑生态、物理，以及文化因素。

克洛德·列维-斯特劳斯：这里需要一些说明，因为首先注意到这种"颠倒"的日本的，并不是法国人，而是16世纪葡萄牙和意大利的传教士。随后，在19世纪末，英国人张伯伦曾就此主题著书论说。因此，这里并不是特别地谈及法国和日本，而是旧大陆和日本。因为，即便是中国，也没有出现这样颠倒的现象。

我觉得您说得对，需要考虑历史和生态因素。但我自问，这样是否足够。因为如果我们能够找到某些技术和经济方面的理由来解释龙

锯是拉的，而不是推的，那么也必须找到另一
个理由来解释如下问题：为什么是用针孔套
线，而不是把线穿入针孔；为什么是把布扎到
针上，而不是用针刺进布里；为什么在旧大
陆，人们用一只脚来推动车床，而在日本却是
另一只脚，而且一个是以顺时针方向旋转，另
一个却是以逆时针方向旋转；为什么在古代日
本，人们从右侧上马，而我们从左侧上马；为
什么日本的马匹进入马厩是以倒退的方式，而
不是像我们一样让马头先进去；等等。

川田顺造：为了研究法国和日本的这种
"颠倒"现象，我认为也必须考虑通过文字或
图像资料所能追溯到的历史变迁。佛罗伊斯在
16 世纪注意到，在日本，人们从右侧上马，
对这一现象的解释是当时的武士有左手持长弓
的习惯，左手就是 yunde 或 "弓手"，而右手
抓着缰绳，即 mete 或 "马手"。然而，生活中
的一些方面，比如某些身体技巧，则具有惊人
的顽固性，尽管生活中的其他方面已有了巨大

的改变。例如，您刚才提到的旧大陆的人们是用一只脚来推动车床，而在日本却是用另一只脚……实际上在日本我们并不是用另一只脚推动车床，而是用这只右脚去拉动车床。这又引出另一个例证，可以证实您关于日本文化向心性的假设，我们可以通过历史的变迁注意到这一点。您怎么看人类学和历史这两个领域之间的关系？请以普遍性和特别性，就法国文化和日本文化这两个例子来谈一谈。

克洛德·列维-斯特劳斯：这些现象都非常有趣，特别是对人类学家来说；我们观察到，即使是相信历史、宣扬历史发展的社会，也会无意识地保持着很多习惯，这些习惯没有受到历史环境的威胁而存在着，它们依然是遥远过去的痕迹。例如在欧洲，我们可以试着根据人们用流水还是死水洗手，来画出一道分界线。我向您提出一个问题：身为日本人，当您在水池中洗手时，您会堵上排水口，还是让它开着？

川田顺造：我偏向于让它开着。

克洛德·列维-斯特劳斯：我也是，我也
会让它开着，因为这可能是一种来自东欧，我
们祖先的祖传意识。

川田顺造：啊，是这样！

克洛德·列维-斯特劳斯：是的。但是在
拉丁世界，人们倾向于堵上排水口。在我几周
后将要出版的一本讨论艺术问题的书中①，刚
好指出了一个类似的绝妙的例子。我在书中提
到了一位 18 世纪的哲学家、耶稣会神父，他
对颜色很感兴趣，他就是卡斯特尔神父（le
père Castel）。他曾在什么地方说过："法国人
不喜欢黄色。他们觉得黄色索然无味，于是就
把黄色让给了英国人。"然而就在去年，当英
国女王伊丽莎白二世来法国进行正式访问时，

---

① Claude Lévi-Strauss, *Regarder écouter lire*, Paris,
Plon，1993，pp. 127-136.

法国的时尚报刊对她某一天穿着的黄色套头女
装略加嘲讽，法国人觉得这黄色很奇怪，不适
合。因此，有些不变的东西虽然历经历史变
迁，但是还能极其长久地保留着。而我认为，
这也正是人种学家所要研究的东西。

川田顺造：对于法国和日本在文化定位上
的对立，特别是法国人的普遍定位和日本人的
特殊定位，您是如何看的？

保罗·瓦雷里（Paul Valéry）曾写过，法
国人的特质就是自觉是世界人，以普遍性作为
特点。日本人则恰恰相反，从未想到自己是具
有普遍性的人，他们比较倾向于感觉自己是特
别的、与众不同的人，认为外国人很难理解他
们，他们发挥出了艺术和技术方面的特色。至
少到目前为止，在国际文化交流中，日本人一
直比较偏向于做接受者，而非发出者。

克洛德·列维-斯特劳斯：您在这儿至少
提到两个问题。

　　对于第一个问题，我们可以说西方的逻辑是部分地建立在语言结构上的。对于这一点，我认为非常重要的是日本的语言结构没有确定出一个特殊逻辑的结构，而是一个表示语言的动作的结构，就像我们刚才所谈到的。也就是说，一个倾向于抽象和理论，另一个则倾向于实际行动，但二者有同样的分析考量，同样的细节上的精确考量，以及同样从主要部分分析事实的考量。

　　对于您的第二个问题，您讲到日本比较偏向于做接受者，而非发出者。

　　日本显然受到过很多影响，特别是中国、朝鲜，以及后来欧洲和北美的影响。只是让我感到惊讶的是日本能够将这些影响很好地吸收，然后做出不同的东西。不要忘记另一方面，在受到这些影响之前，你们已经有了一种文明，即"绳文"文化，这种文化不仅创造出人类最古老的陶器，而且是最具独创性的，以至于在世界其他地方找不到任何可与之相当的东西，也无法将它与其他任何东西进行比较。

我认为这就是日本从一开始就具有特殊性的证明，这种特殊性总是能让日本把从其他地方吸收进来的元素转化成原创的东西。

您知道，在日本，我们很久以来都被视作应该追随的典范。我经常听到日本年轻人——面对着毁灭西方的悲剧事件和目前撕裂西方的危机——说："再也没有典范了；我们再也没有要追随的典范，真正要我们去创造我们自己的典范了。"我对日本所有的期待和要求，就是希望日本人能够让这种典范（实际上，已经很好地吸收了他国经验的典范）保持同样的原创性，就像他们过去所做的那样。有了这种原创性，日本人可以让我们变得更加丰富。

川田顺造：您是否相信在人类历史上，有一个最适宜人类生活的阶段？如果有，您觉得那应该是在过去还是在未来呢？

克洛德·列维-斯特劳斯：肯定不是在未来，我不考虑这种可能性！首先，人类学家的工作不是设想未来，而是研究过去。这是一个极难回答的问题，因为不能只回答说"我愿意活在某个时代"，还得知道在那个时代我所处的社会地位是什么样的！因为，显然，我可能……我们总是从最惠阶层而绝非其他阶层的角度来看过去的时代。

因此，我不会特别指出任何一个时代。我会说："那是一个在人与自然、人与自然物种之间依然存在着某种平衡的时代；在那个时代，人类不是造物主，但他知道人类和其他生命一样都是被创造出来的，要尊重其他生命。"哪个时代才是最好、最真实的呢？在不同的时代有不同的真实，我能说的唯一一点是，肯定不是在现在！

川田顺造：也不是在未来吗？

克洛德·列维-斯特劳斯：在未来，我担心越来越不可能。

译后记

在《月亮的另一面》这本书中，我们看到了一位爱恋着"月亮隐蔽的一面"——日本的克洛德·列维-斯特劳斯。本书收录了作者于1979年至2001年发表的关于日本的人类学、神话学研究的演讲稿及文章，谈及日本的文化、艺术、历史、文学、生活，以及作者对日本细微的观察，并为我们讲述了很多日本的神话故事；在与西方文化方方面面相比较的同时，揭示日本"月亮的另一面"，即其文化的独特一面。

本书篇幅虽不长，但涉及大量日本的人

名、地名、神话人物、方言、器物等，翻译起来难度很大，需要查阅大量资料。译者为此专程赴法，到法国图书馆查阅相关资料，请教人类学、神话学及日语专业的专家学者，与其他国家克洛德·列维-斯特劳斯作品译者交流，尽最大可能采用最合适的中文译法，并在译文中添加了大量方便读者理解的"译者注"。作者在书中多次提及日本"工匠精神"，译者也秉承这种精神细细琢磨译文，最终在作者的故乡完成了本书的最后翻译工作。虽尽力而为，误译和疏漏之处在所难免，敬请读者理解，欢迎专家学者批评指正。

本书译者获得"傅雷译者奖学金"，出版方荣获"傅雷出版资助"，感谢法国驻华大使馆文化处及法国国家图书中心对本书翻译及出版工作的认可和支持，也感谢为此书顺利出版完成编辑、审阅、校对等工作的幕后英雄们。

译者
2018 年 1 月

图书在版编目（CIP）数据

月亮的另一面：一位人类学家对日本的评论／（法）克洛德·列维-斯特劳斯著；于姗译. —北京：中国人民大学出版社，2018.2
（列维-斯特劳斯文集）
ISBN 978-7-300-23542-4

Ⅰ.①月… Ⅱ.①克…②于… Ⅲ.①人类学-文集 Ⅳ.①Q98-53

中国版本图书馆 CIP 数据核字（2016）第 263972 号

列维-斯特劳斯文集 ⑰

月亮的另一面
一位人类学家对日本的评论
[法] 克洛德·列维-斯特劳斯 著
于姗 译
Yueliang de Lingyimian

出版发行	中国人民大学出版社				
社 址	北京中关村大街 31 号		邮政编码	100080	
电 话	010 - 62511242（总编室）		010 - 62511770（质管部）		
	010 - 82501766（邮购部）		010 - 62514148（门市部）		
	010 - 62515195（发行公司）		010 - 62515275（盗版举报）		
网 址	http://www.crup.com.cn				
经 销	新华书店				
印 刷	北京华联印刷有限公司				
开 本	890 mm×1240 mm　1/32		版 次	2018 年 2 月第 1 版	
印 张	6.125 插页 10		印 次	2023 年 12 月第 3 次印刷	
字 数	78 000		定 价	45.00 元